大数据专业新工科人才培养系列规划教材

大数据采集技术与应用

上海德拓信息技术股份有限公司　编著

U0380058

西安电子科技大学出版社

内 容 简 介

    本书以当前流行的大数据采集技术和清洗技术为主,从大数据采集技术特性和实现入手,对其基本架构、实现原理、应用部署等方面进行了全面翔实的介绍。本书主要内容包括:大数据采集技术与应用概述、大数据同步技术——Datax、大数据清洗技术——Kettle、大数据日志采集技术——Logstash、大数据实时采集技术——Kafka、态势感知——舆情热点大数据平台中的数据采集技术。

    本书可作为高等学校应用型本科大数据、云计算、人工智能等相关专业的教材,也可作为高职高专大数据、云计算、人工智能等相关专业的教材,同时也适合希望深入了解大数据采集技术的开发人员学习使用。

图书在版编目(CIP)数据

大数据采集技术与应用/上海德拓信息技术股份有限公司编著. —西安:
西安电子科技大学出版社,2019.8(2021.12重印)
ISBN 978 - 7 - 5606 - 5392 - 1

Ⅰ. ① 大… Ⅱ. ① 上… Ⅲ. ① 数据采集 Ⅳ. ① TP274

中国版本图书馆 CIP 数据核字(2019)第 143282 号

策划编辑   戚文艳
责任编辑   郭   魁   雷鸿俊
出版发行   西安电子科技大学出版社(西安市太白南路 2 号)
电   话   (029)88202421 88201467   邮   编   710071
网   址   www.xduph.com   电子邮箱   xdupfxb001@163.com
经   销   新华书店
印刷单位   陕西天意印务有限责任公司
版   次   2019 年 8 月第 1 版 2021 年 12 月第 2 次印刷
开   本   787 毫米×1092 毫米 1/16 印张 11
字   数   217 千字
印   数   3001~4000 册
定   价   25.00 元
ISBN 978 - 7 - 5606 - 5392 - 1/TP

XDUP 5694001 - 2

＊＊＊如有印装问题可调换＊＊＊

序

　　人类文明的进步总是以科技的突破性成就为标志。19 世纪，蒸汽机引领世界；20 世纪，石油和电力扮演主角；21 世纪，人类进入了大数据时代，数据已然成为当今世界的基础性战略资源。

　　随着移动网络、云计算、物联网等新兴技术迅猛发展，全球数据呈爆炸式增长，影响深远的大数据时代已经开启大幕，正在不知不觉改变着人们的生活和思维方式。从某种意义上说，谁能下好大数据这盘棋，谁就能在未来的竞争中占据优势掌握主动权。大数据竞争的核心是高素质大数据人才的竞争，大数据所具有的规模性、多样性、流动性和价值高等特征，决定了大数据人才必须是复合型人才，需要进行系统专业的培养。

　　国务院 2015 年 8 月曾印发《关于印发促进大数据发展行动纲要的通知》，明确鼓励高校设立数据科学和数据工程相关专业，重点培养专业化数据工程师等大数据专业人才。2016 年，教育部先后设置"数据科学与大数据技术"本科专业和"大数据技术与应用"高职专业。近年来，许多高校纷纷设立了大数据专业，但其课程设置尚不完善，授课教材的选择也捉襟见肘。

　　由上海德拓信息技术股份有限公司联合多所高校共同开发的这套大数据系列教材，包含《大数据导论》、《Python 基础与大数据应用实战》、《大数据采集技术与应用》、《大数据存储技术与应用》、《大数据计算分析技术与应用》及《大数据项目实战》等 6 本教材，每本教材都配套有电子教案、教学 PPT、实验指导书、教学视频、试题库等丰富的教学资源。每本教材既相互独立又与其他教材互相呼应，根据真实大数据应用项目开发的"采、存、析、视"等几个关键环节，对应相应的教材。教材在重点讲授该环节所需专业知识和专业技能，同时通过真实项目（该环节的实战）培养读者利用大数据方法解决具体行业应用问题的能力。

　　本套丛书由浅入深地讲授大数据专业理论、专业技能，既包含大数据专业基础课程，也包含骨干核心课程和综合应用课程，是一套体系完整、理实结合、案例真实的大数据专业教材，非常适合作为应用型本科和高职高专学校大数据专业的教材。

上海德拓信息技术有限公司　董事长

谢赟

2019 年 4 月

《大数据采集技术与应用》编委会

前　言

　　大数据作为继云计算、物联网之后 IT 行业又一颠覆性的技术，备受人们关注。目前，大数据技术在金融、教育、经济和工业等领域得到了非常广泛的应用。据相关报告统计，大数据人才需求呈井喷态势，越来越多的程序员开始学习大数据技术，大数据技术已经成为程序员所需的基本技能。

　　为了满足大数据人才市场需求，越来越多的大数据技术书籍不断面世，如《大数据技术体系详解》、《Hadoop 权威指南》等。尽管如此，有关大数据采集技术和大数据清洗技术的书籍并不多见。数据采集和清洗作为大数据处理流程中的关键步骤，对后期的数据质量起到非常重要的作用。为此，笔者根据自己多年的项目实践和教学经验，尝试编写了本书。

　　本书内容主要以当前流行的大数据采集技术和清洗技术为主，从大数据采集技术特性和实现入手，对其基本架构、实现原理、应用部署等方面进行了全面翔实的介绍。然后以德拓大数据处理平台为依托，对 Datax、Kettle、Logstash、Kafka 等技术进行实战演练。最后通过真实案例分析了大数据处理过程中的数据采集和数据清洗技术的综合应用。本书主要内容包括：大数据采集技术与应用概述、大数据同步技术——Datax、大数据清洗技术——Kettle、大数据日志采集技术——Logstash、大数据实时采集技术——Kafka、态势感知——舆情热点大数据平台中的数据采集技术。

　　本书主要特点如下：

　　（1）理论与实践紧密结合。本书语言通俗、图文并茂，通过大量插图展示所讲理论，基于德拓大数据平台进行实战演练，做到理论不再抽象，实践不再盲目。

　　（2）教学案例丰富。案例设计力求创新，设计思路循序渐进，环环相扣。案例形式新颖，内容简洁清晰。

　　（3）注重立体化教材建设。通过主教材、电子课件、电子教案、实训指导、配套视频和习题等教学资源的有机结合，提高教学服务水平，为高素质技能人才的培养创造良好条件。本书相关配套资源可扫描封底二维码获取。

　　由于大数据技术发展日新月异，加上编者水平有限，书中难免存在疏漏之处，恳请广大同行、专家及读者批评指正。

编　者

2019 年 4 月

目　录

第 1 章

大数据采集技术与应用概述

◇ **学习目标**

了解大数据的概念；
理解大数据处理流程；
掌握大数据采集技术；
熟练运用大数据采集技术。

◇ **本章重点**

大数据概念及流程；
大数据采集概述；
大数据采集技术；
大数据采集应用。

本章主要介绍大数据、大数据采集技术及其相关应用。首先，从大数据的背景及基本概念出发，分析了大数据的特点和处理流程，接着针对大数据采集的技术方法做了详细阐述，并结合大数据处理平台讲解了大数据采集技术的应用领域。

1.1 大数据概述

大数据时代悄然来临，带来了信息技术发展的巨大变革，并深刻影响着社会生产和人民生活的方方面面。全球范围内，世界各国政府均高度重视大数据技术的研究和产业发展，纷纷把大数据上升为国家战略加以重点推进。企业和学术机构纷纷加大技术、资金和人员投入力度，加强对大数据关键技术的研发与应用，以期在"第三次信息化浪潮"中占得先机、引领市场。大数据已经不是"镜中花、水中月"，它的影响力和作用力正迅速触及社会的每个角落，所到之处或是颠覆或是提升，都让人们深切感受到了大数据实实在在的威力。

大数据的战略重要性引起了全球各发达国家的高度关注。美国奥巴马政府于2012年3月启动"大数据研究和发展计划"，这是将大数据上升为国家意志的一次重大的科技发展部署。继美国之后，欧洲各国也纷纷推出了大数据发展战略计划。

中国政府对大数据也给予了高度重视。大数据已经被我国政府提升到国家重大发展战略的高度，成为推动经济转型发展的新动力、重塑国家竞争优势的新机遇、提升政府治理能力的新途径。大规模数据资源蕴含着巨大的社会价值和商业价值，有效地管理这些数据、挖掘数据的深度价值，对国家治理、社会管理、企业决策和个人生活将带来巨大的影响。

对于一个国家而言，能否紧紧抓住大数据发展机遇，快速形成核心技术，参与新一轮的全球化竞争，将直接决定未来若干年世界范围内各国科技力量博弈的格局。大数据专业人才的培养是新一轮科技较量的基础，高等院校承担着大数据人才培养的重任，因此各高等院校非常重视大数据课程的开设，大数据课程已经成为大数据、云计算、人工智能等相关专业的重要核心课程。

1.1.1　大数据时代

第三次信息化浪潮涌动，大数据时代全面开启。人类社会信息科技的发展为大数据时代的到来提供了技术支撑，而数据产生方式的变革是促进大数据时代到来至关重要的因素。

1. 第三次信息化浪潮

根据IBM前首席执行官郭士纳的观点，IT领域每隔15年就会迎来一次重大变革，如表1-1所示。1980年前后，个人计算机（PC）开始普及，使得计算机走入企业和千家万户，大大提高了社会生产力，也使人类迎来了第一次信息化浪潮，Intel、IBM、苹果、微软、联想等是这个时期的标志企业。随后，在1995年前后，人类开始全面进入互联网时代，互联网的普及把世界变成"地球村"，每个人都可以自由徜徉于信息的海洋。由此，人类迎来了第二次信息化浪潮，这个时期也缔造了雅虎、谷歌、阿里巴巴、百度等互联网巨头。时隔15年，在2010年前后，云计算、大数据、物联网的快速发展，拉开了第三次信息化浪潮的大幕，大数据时代已经到来，也必将涌现出一批新的市场标杆企业。

表1-1　三次信息化浪潮

信息化浪潮	发生时间	标志	解决的问题	代表企业
第一次浪潮	1980年前后	个人计算机	信息处理	Intel、AMD、IBM、苹果、微软、联想、戴尔、惠普等
第二次浪潮	1995年前后	互联网	信息传输	雅虎、谷歌、阿里巴巴、百度、腾讯等
第三次浪潮	2010年前后	物联网、云计算和大数据	信息爆炸	亚马逊、谷歌、Hortonworks、Cloudera、阿里云等

2. 信息科技为大数据时代提供技术支撑

信息科技需要解决信息存储、信息传输和信息处理三个核心问题。人类社会在信息科技领域的不断进步，为大数据时代的到来提供了技术支撑。

1）存储设备容量不断增加

数据被存储在磁盘、磁带、光盘、闪存等各种类型的存储介质中，随着科学技术的不断进步，存储设备的制造工艺不断升级，容量大幅增加，速度不断提升，价格却在不断下降。

早期的存储设备价格高、体积大。例如，IBM 在 1956 年生产的一个早期商业硬盘，容量只有 5 MB，不仅价格昂贵，而且体积有一个冰箱那么大。而今天容量为 1TB 的硬盘，盘片直径大小只有 3.5 英寸（约 8.89 cm），读写速度达到 200 MB/s，价格仅为 400 元左右。廉价、高性能的硬盘存储设备，不仅提供了海量的存储空间，同时也大大降低了数据存储成本。

与此同时，以闪存为代表的新型存储介质也开始得到大规模的普及和应用。闪存是一种新兴的半导体存储器，从 1989 年诞生第一款闪存产品开始，闪存技术不断获得新的突破，并逐渐在计算机存储产品市场中确立了自己的重要地位。闪存是一种非易失性存储器，即使发生断电也不会丢失数据，因此可以作为永久性存储设备。闪存还具有体积小、质量轻、能耗低、抗震性好等优良特性。

总体而言，数据量和存储设备容量二者之间是相辅相成、互相促进的。一方面，随着数据的不断产生，需要存储的数据量不断增加，对存储设备的容量提出了更高的要求，促使存储设备生产商制造更大容量的产品满足市场需求；另一方面，更大容量的存储设备进一步加快了数据量增长的速度，在存储设备价格高昂的年代，由于考虑到成本问题，一些不必要或当前不能明确体现价值的数据往往会被丢弃。但是，随着单位存储空间价格的不断降低，人们开始倾向于把更多的数据保存起来，以期在未来某个时刻可以用更先进的数据分析工具从中挖掘价值。

2）CPU 处理能力大幅提升

CPU 处理速度的不断提升也是促使数据量不断增加的重要因素。性能不断提升的 CPU，大大提高了处理数据的能力，使得我们可以更快地处理不断累积的海量数据。从 20 世纪 80 年代至今，CPU 的制造工艺不断提升，晶体管数量不断增加，运行频率不断提高，核心数量逐渐增多，而同等价格所能获得的 CPU 处理能力也呈几何级数上升。在 30 多年里，CPU 的处理速度已经从 10 MHz 提高到 3.6 GHz。在 2013 年之前的很长一段时期，CPU 处理速度的增加一直遵循"摩尔定律"，性能每隔 18 个月提高一倍，价格下降一半。

3）网络带宽不断增加

1977 年，世界上第一条光纤通信系统在美国芝加哥市投入商用，数据传输速度为 45 Mb/s，从此人类社会的信息传输速度不断被刷新。进入 21 世纪，世界各国更是纷纷加大宽带网络建设力度，不断扩大网络覆盖范围和传输速度。以我国为例，截至 2012 年 6 月，92.6% 的固定宽带用户接入速率达到或超过 2 Mb/s，国际互联网出口带宽达到 1.48 Tb/s，是 2005 年的 11.4 倍。与此同时，移动通信宽带网络迅速发展，截至 2013 年底 3G 网络基本普及；2013 年至 2017 年 4G 网络覆盖范围不断加大，各种终端设备可以随时随地传输数据。大数据时代，信息传输不再遭遇网络发展初期的瓶颈和制约。

3. 大数据的发展历程

大数据的发展历程总体上可以划分为三个重要阶段：萌芽期、成熟期和大规模应用期，如表 1-2 所示。

表 1-2 大数据发展的三个阶段

阶 段	时 间	内 容
第一阶段：萌芽期	20 世纪 90 年代至 21 世纪初	随着数据挖掘理论和数据库技术的逐步成熟，一批商业智能工具和知识管理技术开始被应用，如数据仓库、专家系统、知识管理系统等
第二阶段：成熟期	21 世纪前 10 年	Web 2.0 应用迅猛发展，非结构化数据大量产生，传统处理方法难以应对，带动了大数据技术的快速突破，大数据解决方案逐步走向成熟，形成了并行计算与分布式系统两大核心技术，谷歌的 GFS 和 MapReduce 等大数据技术受到追捧，Hadoop 平台开始大行其道
第三阶段：大规模应用期	2010 年以后	大数据应用渗透各行各业，数据驱动决策，信息社会智能化程度大幅提高

这里简要回顾一下大数据的发展历程。

1980 年，著名未来学家阿尔文·托夫勒在《第三次浪潮》一书中，将大数据热情地赞颂为"第三次浪潮的华彩乐章"。

1997 年 10 月，迈克尔·考克斯和大卫·埃尔斯沃思在第八届美国电气和电子工程师协会(IEEE)关于可视化的会议论文集中，发表了《为外存模型可视化而应用控制程序请求页面调度》一文，这是在美国计算机学会的数字图书馆中第一篇使用"大数据"术语的文章。

1999 年 10 月，在美国电气和电子工程师协会(IEEE)关于可视化的年会上，设立了名为"自动化或交互：什么更适合大数据？"的专题讨论小组，探讨了大数据问题。

2001 年 2 月，梅塔集团分析师道格·莱尼发布了题为《3D 数据管理：控制数据容量、处理速度及数据种类》的研究报告。10 年后，"3V"(Volume、Variety 和 Velocity)作为定义大数据的三个维度而被广泛接受。

2005 年 9 月，蒂姆·奥莱利发表了《什么是 Web 2.0》一文，并在文中指出"数据将是下一项技术核心"。

2008 年，《自然》杂志推出大数据专刊；计算社区联盟发表了报告《大数据计算：在商业、科学和社会领域的革命性突破》，阐述了大数据技术及其面临的一些挑战。

2010 年 2 月，肯尼斯·库克尔在《经济学人》上发表了一份关于管理信息的特别报告——《数据，无处不在的数据》。

2011 年 2 月，《科学》杂志推出专刊《处理数据》，讨论了科学研究中的大数据问题。

2011 年 5 月，麦肯锡全球研究院发布了《大数据：下一个具有创新力、竞争力与生产力的前沿领域》，提出"大数据"时代已到来。

2012 年 3 月，美国奥巴马政府发布了《大数据研究和发展倡议》，正式启动"大数据发展计划"，大数据上升为美国国家发展战略，被视为美国政府继信息高速公路计划之后在信息科学领域的又一重大举措。

2013 年 12 月，中国计算机学会发布了《中国大数据技术与产业发展白皮书》，系统总结了大数据的核心科学和技术问题，推动了我国大数据学科的建设与发展，并为政府部门提供了战略性的意见与建议。

2014 年 5 月，美国政府发布了 2014 年全球"大数据"白皮书《大数据：抓住机遇、守护价值》，报告鼓励使用数据来推动社会进步。

2015 年 8 月，我国国务院印发《促进大数据发展行动纲要》，要求全面推进我国大数据的发展和应用，加快建设数据强国。

2017 年 2 月，工信部编制印发了《大数据产业发展规划（2016—2020）》，全面部署"十三五"时期大数据产业发展工作，为实现制造强国和网络强国提供强大的产业支撑。

1.1.2　大数据的概念

随着大数据时代的来临，"大数据"已经成为互联网信息技术行业的流行词汇。关于大数据的概念，难以有一个定量的定义。现有定义都是从数据规模和支持软件处理能力角度进行的定性描述。例如，维基百科的定性描述为：大数据（Big Data）是指无法使用传统和常用的软件技术和工具在一定时间内完成获取、管理和处理的数据。再如，麦肯锡咨询公司的大数据报告中给出的定义是：大数据是指大小超出了常规数据库软件的采集、存储、管理和分析能力的数据集。

这些定性化定义都无一例外地突出了大数据规模的"大"。更进一步，大数据是在多样的或者大量的数据中迅速获取信息的能力，这说明了对大数据的研究具有十分重大的意义。

实际上，当今"大数据"一词的重点已经远远超出了数据规模的定义，它代表着信息技术发展到了一个新的时代，代表着海量数据处理所需要的新技术和新方法，也代表着大数据应用所带来的新服务和新价值。

1.1.3　大数据的特征

相比于传统处理的小数据，大数据具有五个方面的特征。本节将探究这五个特征，这些特征可以将大数据的"大"与其他形式的数据区分开来。大数据的这五个特征如图 1-1 所示，我们也常称其为 5 V 特征，即容量大（Volume）、种类多（Variety）、速度快（Velocity）、真实性（Veracity）、价值密度低（Value）。

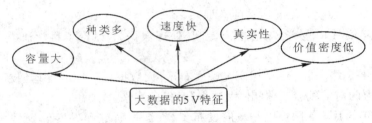

图 1-1 大数据的 5 V 特征

1. 容量大

人类进入信息社会以后，数据以自然方式增长，其产生不以人的意志为转移。从 1986 年开始到 2010 年的 20 多年里，全球数据的数量增长了 100 倍，今后的数据量增长速度将更快，我们正处在一个"数据爆炸"的时代。今天，世界上只有 25% 的设备是联网的，大约 80% 的上网设备是计算机和手机；而在不远的将来，将有更多的用户成为网民，汽车、电视、家用电器、生产机器等各种设备也将接入互联网。随着 Web 2.0 和移动互联网的快速发展，人们已经可以随时随地、随心所欲发布包括博客、微博、微信等在内的各种信息。以后，随着物联网的推广和普及，各种传感器和摄像头将遍布我们工作和生活的各个角落，这些设备每时每刻都在自动产生大量数据。

综上所述，人类社会正经历第二次"数据爆炸"（如果把印刷在纸上的文字和图形也看作数据，那么人类历史上第一次"数据爆炸"就发生在造纸术和印刷术发明的时期）。各种数据产生速度之快、数量之大，已经远远超出人类可以控制的范围，"数据爆炸"成为大数据时代的鲜明特征。根据著名咨询机构 IDC (Internet Data Center) 做出的估测，人类社会产生的数据一直都在以每年 50% 的速度增长，也就是说，每两年就增加一倍，这被称为"大数据摩尔定律"。这意味着，人类在最近两年产生的数据量相当于之前产生的全部数据量之和。预计到 2020 年，全球将总共拥有 35 ZB 的数据量，与 2010 年相比，数据量将增长到近 30 倍。表 1-3 给出了数据存储单位之间的换算关系。

表 1-3 数据存储单位之间的换算关系

单 位	换算关系
B(Byte，字节)	1 B＝8(bit)
KB(Kilobyte，千字节)	1 KB＝1024 B
MB(Megabyte，兆字节)	1 MB＝1024 KB
GB(Gigabyte，吉字节)	1 GB＝1024 MB
TB(Trillionbyte，太字节)	1 TB＝1024 GB
PB(Petabyte，拍字节)	1 PB＝1024 TB
EB(Exabyte，艾字节)	1 EB＝1024 PB
ZB(Zettabyte，泽字节)	1 ZB＝1024 EB

2. 种类多

大数据的数据来源众多，科学研究、企业应用和 Web 应用等都在源源不断地生成新的数据。生物大数据、交通大数据、医疗大数据、电信大数据、金融大数据、工业大数据等都呈现出"井喷式"增长，所涉及的数据规模十分巨大，已经从 TB 级别跃升到 PB 级别。

大数据的数据类型丰富，包括结构化数据和非结构化数据，其中，前者占 10%左右，主要是指存储在关系数据库中的数据；后者占 90%左右，种类繁多，主要包括邮件、音频、视频、微信、微博、位置信息、链接信息、手机呼叫信息、网络日志等。

如此类型繁多的异构数据，对数据处理和分析技术提出了新的挑战，也带来了新的机遇。传统数据主要存储在关系数据库中，但是在类似 Web 2.0 等应用领域中越来越多的数据开始被存储在非关系型数据库（Not Only SQL，NoSQL）中，这就必然要求在集成的过程中进行数据转换，而这种转换的过程是非常复杂和难以管理的。传统的联机分析处理（OnLine Analytical Processing，OLAP）和商务智能工具大都面向结构化数据，而在大数据时代，用户友好的、支持非结构化数据分析的商业软件也将迎来广阔的市场空间。

3. 速度快

大数据时代的数据产生速度非常迅速。在 Web 2.0 应用领域，在一分钟内，新浪可以产生 2 万条微博，Twitter 可以产生 10 万条推文，苹果可以下载 4.7 万次应用，淘宝可以卖出 6 万件商品，百度可以产生 90 万次搜索查询，Facebook 可以产生 600 万次浏览量。大名鼎鼎的大型强子对撞机，大约每秒产生 6 亿次的碰撞，每秒生成约 700 MB 的数据，有成千上万台计算机分析这些碰撞。

大数据时代的很多应用都需要基于快速生成的数据给出实时分析结果，用于指导生产和生活实践。因此，数据处理和分析的速度通常要达到秒级响应，这一点和传统的数据挖掘技术有着本质的不同，后者通常不要求给出实时分析结果。

为了实现快速分析海量数据的目的，新兴的大数据分析技术通常采用集群处理和独特的内部设计。以谷歌公司的 Dremel 为例，它是一种可扩展的、交互式的实时查询系统，用于只读嵌套数据的分析，通过结合多级树状执行过程和列式数据结构，它能做到几秒内完成对万亿张表的聚合查询，系统可以扩展到成千上万的 CPU 上，满足谷歌上万用户操作 PB 级数据的需求，并且可以在 2～3 s 完成 PB 级别数据的查询。

4. 真实性

真实性即追求高质量的数据。随着社交数据、企业内容、交易与应用数据等新数据源的兴起，传统数据源的局限被打破，企业愈发需要有效的信息之力以确保其真实性和安全性。

数据的真实性和质量是获得真知和思路最重要的因素，是制订成功决策最坚实的基础。

5. 价值密度低

随着数据量的增长，数据中有意义的信息却没有呈相应比例增长。而有价值的数据同时与数据的真实性和数据处理时间相关。以视频为例，一小时的视频，在不间断的监控过程中，可能有用的数据仅仅只有一两秒。

大数据虽然看起来很美，但价值密度却远远低于传统关系型数据库中已经有的那些数据。在大数据时代，很多有价值的信息都是分散在海量数据中的。以小区监控视频为例，如果没有意外事件发生，连续不断产生的数据都是没有任何价值的。但是，为了能够获得发生偷盗等意外情况时的那一段宝贵视频，我们不得不投入大量资金购买监控设备、网络设备、存储设备，耗费大量的电能和存储空间，来保存摄像头连续不断传来的监控数据。

如果这个实例还不够典型，那么我们可以想象另一个更大的场景。假设一个电子商务网站希望通过微博数据进行有针对性的营销，为了实现这个目的，就必须构建一个能存储和分析新浪微博数据的大数据平台，使之能够根据用户微博内容进行有针对性的商品需求趋势预测。愿景很美好，但是现实代价很大，可能需要耗费几百万元构建整个大数据团队和平台，而最终带来的企业销售利润增加额可能会比投入低很多。从这点来说，大数据的价值密度是较低的。

1.1.4 大数据的应用

大数据无处不在，包括金融、汽车、餐饮、电信、能源、制造业和生物医学等在内的社会各行各业都已经融入了大数据的印迹，表 1-4 是大数据在各个领域的应用情况。

表 1-4 大数据在各个领域的应用

领　域	大数据的应用
制造业	利用工业大数据提升制造业水平，包括产品故障诊断与预测、分析工艺流程、改进生产工艺、优化生产过程能耗、工业供应链分析与优化、生产计划与排程
金融行业	大数据在高频交易、社交情绪分析和信贷风险分析三大金融创新领域发挥着重要作用
汽车行业	利用大数据和物联网技术的无人驾驶汽车，在不远的未来将走入我们的日常生活
互联网行业	借助于大数据技术，可以分析客户行为，进行商品推荐和有针对性广告投放
餐饮行业	利用大数据实现餐饮 O2O 模式，彻底改变传统餐饮经营方式
电信行业	利用大数据技术实现客户离网分析，及时掌握客户离网倾向，出台客户挽留措施
能源行业	利用大数据技术分析用户用电模式，改进电网运行，合理设计电力需求响应系统，确保电网运行安全
物流行业	利用大数据优化物流网络，提高物流效率，降低物流成本
城市管理	利用大数据实现智能交通、环保监测、城市规划和智能安防
生物医学	大数据可以帮助我们实现流行病预测、智慧医疗、健康管理，同时还可以帮助我们解读 DNA，了解更多生命奥秘

续表

领　域	大数据的应用
安全领域	政府利用大数据技术构建起强大的国家安全保障体系，企业利用大数据抵御网络攻击，警察借助大数据来预防犯罪
个人生活	利用与每个人相关联的"个人大数据"，分析个人生活行为习惯，为其提供更加周到的个性化服务

1.1.5　大数据关键技术

当人们谈到大数据时，往往并非仅指数据本身，而是数据和大数据技术这两者的综合。所谓大数据技术，是指伴随着大数据的采集、存储、分析和应用的相关技术，使用非传统工具来对大量的结构化、半结构化和非结构化数据进行处理，从而获得分析和预测结果的一系列数据处理和分析技术。

讨论大数据技术时，首先需要了解大数据的基本处理流程，主要包括数据采集、存储、分析和结果呈现等环节。数据无处不在，互联网网站、政务系统、零售系统、办公系统、自动化生产系统、监控摄像头、传感器等，每时每刻都在不断产生数据。这些分散在各处的数据，需要采用相应的设备或软件进行采集。采集到的数据通常无法直接用于后续的数据分析，因为对于来源众多、类型多样的数据而言，数据缺失和语义模糊等问题是不可避免的，必须采取相应措施来有效解决这些问题，这就需要一个"数据预处理"的过程，即把数据变成一个可用的状态。数据经过预处理后，会被存放到文件系统或数据库系统中进行存储与管理，然后采用数据挖掘工具对数据进行处理分析，最后采用可视化工具对用户呈现结果。在整个数据处理过程中，还必须注意隐私保护和数据安全问题。

因此，从数据处理流程的角度，大数据技术主要包括数据采集与预处理、数据存储和管理、数据处理与分析、数据安全和隐私保护等几个层面的内容，具体见表1-5。

表1-5　大数据技术的不同层面及其功能

技术层面	功　　能
数据采集与预处理	利用 ETL 工具将分布的、异构数据源中的数据，如关系数据、平面数据文件等，抽取到临时中间层后进行清洗、转换、集成，最后加载到数据仓库或数据集市中，成为联机分析处理、数据挖掘的基础；也可以利用日志采集工具（如 Flume、Kafka 等）把实时采集的数据作为流计算系统的输入，进行实时处理分析
数据存储和管理	利用分布式文件系统、数据仓库、关系数据库、NoSQL 数据库、云数据库等，实现对结构化、半结构化和非结构化海量数据的存储和管理
数据处理与分析	利用分布式并行编程模型和计算框架，结合机器学习和数据挖掘算法，实现对海量数据的处理和分析；对分析结果进行可视化呈现，帮助人们更好地理解数据、分析数据
数据安全和隐私保护	在从大数据中挖掘潜在的巨大商业价值和学术价值的同时，构建隐私数据保护体系和数据安全体系，有效保护个人隐私和数据安全

需要指出的是，大数据技术是许多技术的一个集合体，这些技术并非全都是新生事物，诸如关系数据库、数据仓库、数据采集、ETL、OLAP、数据挖掘、数据隐私和安全、数据可视化等都是已经发展多年的技术，在大数据时代得到不断补充、完善、提高后又有了新的升华，也可以视为大数据技术的一个组成部分。

1.1.6　大数据处理流程

大数据处理流程主要包括数据采集、数据存储、数据预处理、数据计算、数据统计分析、数据挖掘、数据展示等环节。大数据的基本处理流程如图 1-2 所示。

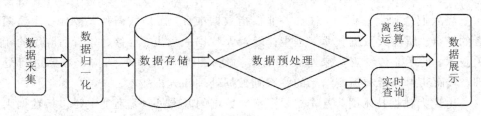

图 1-2　大数据的基本处理流程图

整个大数据的处理流程可以定义为：在合适工具的辅助下，对广泛异构的数据源进行抽取和集成，结果按照一定的标准进行统一存储，并利用合适的数据分析技术对存储的数据进行分析，从中提取有益的知识并利用恰当的方式将结果展现给终端用户。简单来说，可以分为数据抽取与集成、数据分析以及数据解释。

1. 数据采集

大数据的采集是指利用多个数据库来接收发自客户端（Web、App 或者传感器形式等）的数据，并且用户可以通过这些数据库来进行简单的查询和处理工作。比如，使用传统的关系型数据库 MySQL 和 Oracle 等来存储事务数据。除此之外，Redis 和 MongoDB 这样的 NoSQL 数据库也常用于数据的采集。

2. 数据预处理

虽然采集端本身会有很多数据库，但如果要对这些海量数据进行有效的分析，还是应该将这些来自前端的数据导入到一个集中的大型分布式数据库或者分布式存储集群中，并且可以在导入基础上做一些简单的清洗和预处理工作。

Sqoop 和 Flume 等工具可改进数据的互操作性。Sqoop 功能主要是从关系数据库导入数据到 Hadoop，并可直接导入到 HDFS 或 Hive；而 Flume 旨在直接将流数据或日志数据导入 HDFS。

3. 数据统计分析

将海量的来自前端的数据快速导入到一个集中的大型分布式数据库或者分布式存储集群，利用分布式技术对存储于其内的集中的海量数据进行普通的查询和分类汇总等，以此满足大多数常见的分析需求。统计与分析阶段的特点和挑战主要是导入数据量大，查询涉及的数据量大，查询请求多。目前使用最为广泛的产品为 Hadoop，其以离线分析为主。

4. 数据挖掘

与前面统计和分析过程不同的是，数据挖掘一般没有预先设定好的主题，主要是在现有数据上进行基于各种算法的计算，从而起到预测的效果，实现一些高级别数据分析的需求。比较典型算法有用于聚类的 K-means、用于统计学习的 SVM 和用于分类的 Naive Bayes，主要使用的工具有 Hadoop 的 Mahout 等。

5. 数据展示

当 MapReduce 过程结束后，产生的数据输出文件将被按需移至数据仓库或其他事务型系统。获得的数据用来进行大数据分析，或者使用 BI 工具产生报表供使用者作出正确有利的决策，这是大数据处理技术要解决的根本问题。该阶段的特点和挑战是在大数据具体业务背景下，如何保障业务的顺畅，有效地管理、分析数据，如何针对具体业务作出决策。

1.2　大数据采集技术概述

研究大数据、分析大数据的首要前提是获取大数据。而获取大数据的方式有两种，一种是自己采集和汇聚数据，一种是获取别人采集、汇聚、整理之后的数据。数据汇聚的方式各种各样，有些数据是业务系统或互联网端的服务器自动汇聚起来的，如业务数据、点击流数据、用户行为数据等；有些数据是通过卫星、摄像机和传感器等硬件设备自动汇聚的，如遥感数据、交通数据、人流数据等；还有一些数据，是通过整理汇聚的，如商业经济数据、人口普查数据、政府统计数据等，本节将重点介绍大数据采集的定义和常用采集方法。

1.2.1　数据采集与大数据采集

数据采集又称数据获取，是指从传感器和其他待测设备等模拟和数字被测单元中自动采集信息的过程。新一代数据分类体系中，将传统数据体系中没有考虑过的新数据源进行归纳与分类，可将其分为线上行为数据与内容数据两大类。线上行为数据包括页面数据、交互数据、表单数据、会话数据等；内容数据包括应用日志、电子文档、机器数据、语音数据、社交媒体数据等。

传统的数据采集来源单一，且存储、管理和分析数据量也相对较小，大多采用关系型数据库和并行数据仓库即可处理。对依靠并行计算提升数据处理速度方式而言，传统的并行数据库技术追求高度一致性和容错性，根据 CAP 理论，难以保证其可用性和扩展性。表 1-6 列出了传统数据采集与大数据采集的区别。

表 1-6　传统数据采集与大数据采集的区别

传统数据采集	大数据采集
来源单一，数据量相当小	来源广泛，数量巨大
结构单一	数据类型丰富
关系数据库和并行数据库	分布式数据库

大数据采集技术就是对数据进行 ETL 操作，通过对数据进行提取、转换、加载，挖掘出数据的潜在价值，为用户提供解决方案或决策参考。ETL 是英文 Extract-Transform-Load 的缩写，用来描述将数据从来源端经过抽取（Extract）、转换（Transform）、加载（Load）到目的端，然后进行处理分析的过程。用户从数据源抽取出所需的数据，经过数据清洗，最终按照预先定义好的数据模型，将数据加载到数据仓库中，最后对数据仓库中的数据进行数据分析和处理。

数据采集位于数据分析生命周期的重要一环，它通过传感器、社交网络、移动互联网等方式获得各种类型的结构化、半结构化及非结构化的海量数据。由于采集的数据种类错综复杂，对于不同种类的数据进行数据分析，必须通过提取技术将复杂格式的数据进行数据提取。从数据原始格式中提取出需要的数据，提取中可以丢弃一些不重要的字段。由于数据源的采集可能存在不准确性，所以对于提取后的数据，必须进行数据清洗，对于那些不准确的数据进行过滤、剔除。针对不同的应用场景，对数据进行分析的工具或者系统不同，还需要对数据进行数据转换操作，将数据转换成不同的数据格式，最终按照预先定义好的数据仓库模型，将数据加载到数据仓库中去。

在现实生活中，数据产生的种类很多，并且不同种类的数据产生的方式不同。大数据采集系统主要分为以下三类。

1. 日志采集系统

许多公司的业务平台每天都会产生大量的日志数据。对于这些日志信息，我们可以得到很多有价值的数据。通过对这些日志信息进行日志采集、收集，然后进行数据分析，挖掘出公司业务平台日志数据中的潜在价值，为公司决策和公司后台服务器平台性能评估提供可靠的数据保证。日志采集系统就是收集日志数据并提供离线和在线的实时分析。目前常用的开源日志收集系统有 Flume、Scribe 等。Apache Flume 是一个分布式、可靠、可用的服务，用于高效地收集、聚合和移动大量的日志数据。它具有基于流式数据流的简单灵活的架构，Flume 的可靠性机制和故障转移与恢复机制，使其具有强大的容错能力。Scribe 是 Facebook 的开源日志采集系统。Scribe 实际上是一个分布式共享队列，可以从各种数据源上收集日志数据，然后放入它上面的共享队列中。Scribe 可以接受 Thrift Client 发送过来的数据，将其放入它上面的消息队列中。然后通过消息队列将数据推送到分布式存储系统中，并且由分布式存储系统提供可靠的容错性能。如果最后的分布式存储系统宕机，Scribe 中的消息队列还可以提供容错能力，还会将日志数据写入本地磁盘中。Scribe 支持持久化的消息队列，来提高日志收集系统的容错能力。

2. 网络数据采集系统

通过网络爬虫和一些网站平台提供的公共 API（如 Twitter 和新浪微博 API）等方式从网站上获取数据。这样就可以将非结构化数据和半结构化数据的网页数据从网页中提取出来，并对其进行提取、清洗、转换为结构化的数据，将其存储为统一的本地文件数据。目前常用的网页爬虫系统有 Apache Nutch、

Crawler4j、Scrapy 等框架。Apache Nutch 是一个高度可扩展和可伸缩性的分布式爬虫框架。Apache 由 Hadoop 支持,通过提交 MapReduce 任务来抓取网页数据,并可以将网页数据存储在 HDFS 分布式文件系统中。Nutch 可以进行分布式多任务数据爬取、存储和索引。Nutch 利用多个机器的计算资源和存储能力并行完成爬取任务,大大提高了系统爬取数据的能力。Crawler4j、Scrapy 都是爬虫框架,给开发人员提供了便利的爬虫 API 接口。开发人员只需要关心爬虫 API 接口的实现,不需要关心具体框架如何爬取数据,可以很快地完成一个爬虫系统的开发。

3. 数据库采集系统

一些企业会使用传统的关系型数据库 MySQL、Oracle 等存储数据。除此之外,Redis 和 MongoDB 的 NoSQL 数据库也常用于数据的采集。企业每时每刻产生的业务数据,以数据库记录形式直接写入到数据库中。通过数据库采集系统与企业业务后台服务器结合,将企业业务后台产生的大量业务记录写入到数据库中,最后由特定的处理分析进行分析与处理。

针对大数据采集技术,目前主要流行的大数据采集分析技术是 Hive。Hive 是 Facebook 团队开发的一个可以支持拍字节(PB)级别的、可伸缩性的数据仓库。它是建立在 Hadoop 架构之上的开源数据仓库基础架构。它提供了一系列的工具,可以用来进行数据提取转化加载(ETL),这是一种可以存储、查询和分析存储在 Hadoop 中的大规模数据的机制。Hive 依赖于 HDFS 存储数据,依赖 MapReduce 处理数据,在 Hadoop 中用来处理结构化数据。Hive 定义了简单的类 SQL 查询语言,称为 HQL(Hive Query Language),它允许熟悉 SQL 的用户查询数据。同时,该语言也允许熟悉 MapReduce 的开发者开发自定义的 mapper 和 reducer 来处理内建的 mapper 和 reducer 无法完成的复杂分析工作。HQL 不是实时查询语言。Hive 降低了那些不熟悉 Hadoop MapReduce 接口的用户学习门槛。Hive 提供一些简单的 HiveQL 语句,可以对数据仓库中的数据进行简要分析与计算。

在大数据采集技术中有一个关键环节是转换操作。它将清洗后的数据转换成不同的数据形式,由不同的数据分析系统和计算系统进行分析和处理。将批量数据从生产数据库加载到 Hadoop HDFS 分布式文件系统中或者从 Hadoop HDFS 文件系统将数据转换到生产数据库中,这是一项艰巨的任务。用户进行数据转换操作时,必须考虑数据一致性、生产系统资源消耗等细节问题,使用脚本传输数据效率低且耗时,而 Apache Sqoop 能够很好地解决这个问题。Sqoop 是一个用来将 Hadoop 和关系型数据库中的数据相互转移的开源工具,可以将一个关系型数据库(例如:MySQL、Oracle、Postgres 等)中的数据导入到 Hadoop 的 HDFS 中,也可以将 HDFS 的数据导入到关系型数据库中。运行 Sqoop 时,被传输的数据集被分割成不同的分区,一个只有映射任务的作业被启动,映射任务负责传输这个数据集的一个分区。Sqoop 使用数据库的元数据来推断数据类型,因此每条数据记录都以一种类型安全的方式进行处理。

1.2.2　大数据采集流程

　　互联网大数据采集就是获取互联网中相关网页内容的过程，并从中抽取出用户所需要的属性内容。互联网网页数据处理，就是对抽取出来的网页数据进行内容和格式上的处理，并进行转换和加工，使之能够适应用户的需求，并将之存储下来，以供后用。

1. 大数据采集的基本框架

　　互联网大数据采集的基本框架如图 1-3 所示，主要包括六个模块：网站页面、链接抽取、链接过滤、内容抽取、爬取 URL 队列和数据。

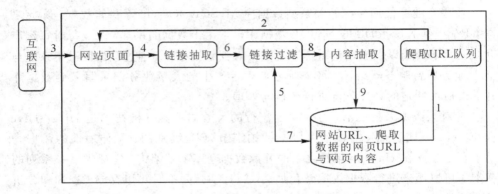

图 1-3　互联网大数据采集流程图

这六个模块的主要功能如下：

　　(1) 网站页面：获取网站的网页内容。

　　(2) 链接抽取：从网页内容中抽取出该网站正文内容的链接地址。

　　(3) 链接过滤：判断该链接地址的网页内容是否已经被抓取过。

　　(4) 内容抽取：从网页内容中抽取所需属性的内容值。

　　(5) 爬取 URL 队列：为爬虫提供需要抓取数据网站的 URL。

　　(6) 数据：包含了网站 URL，即需要抓取数据网站的 URL 信息；抓取数据的网页 URL 及网页内容三个方面。

2. 大数据采集的基本步骤

整个大数据采集过程的基本步骤如下：

　　(1) 将需要抓取数据的网站 URL 信息写入 URL 队列。

　　(2) 爬虫从 URL 队列中获取需要抓取数据的网站 URL 信息。

　　(3) 获取某个具体网站的网页内容。

　　(4) 从网页内容中抽取该网站正文页内容的链接地址。

　　(5) 从数据库中读取已经抓取过内容的网页地址。

　　(6) 过滤 URL：将当前 URL 与已经抓取过的 URL 进行比较。

　　(7) 如果该网页地址没有被抓取过，则将该地址写入抓取网页 URL 数据库；如果该地址已经被抓取过，则放弃对这个地址的抓取操作。

　　(8) 获取该地址的网页内容，并抽取出所需属性的内容值。

（9）将抽取的网页内容写入数据库。

1.3　大数据采集技术应用

大数据无处不在，大数据应用于各个行业，包括金融、汽车、餐饮、电信、能源、体育和娱乐等。如何利用数据创造价值是大数据采集技术的关键点。大数据在不同行业有不同的应用场景。随着大数据产业快速发展，大数据平台和技术的应用成了各行各业迫切需要了解的问题，也是大数据在行业应用的一个主要出发点。本章将以政务大数据、交通大数据、新闻大数据为例，解读大数据采集技术应用。

1.3.1　大数据处理平台介绍

DANA 智能大数据开发平台以"数据智能"为目标，着手于"数据是谁""数据从哪里来""数据到哪里去"三个基本问题，提供大数据基础开发平台，让用户更好地应用和组织数据，为开发者和公司提供更加易于运营、开发、部署应用的环境，用户也不需要关心和管理私有云的基础设施，包括网络、存储、服务器、开发服务等。

1. 数据集成服务

DANA 智能大数据开发平台中的数据集成模块提供数据库、文件、日志、网页、实时流数据的抽取、清洗、转换方案。分布式数据集成引擎，不论是数据库里的传统业务数据，还是网页数据，甚至是文档、图片、音视频等非结构化数据都可以用 Crab 引擎进行智能收集，并支持数据源的过滤、匹配。数据集成模块集网络爬虫、ETL、文件采集、邮件采集等功能于一身。

2. 数据库服务

DANA 智能大数据开发平台中的数据中心模块提供大数据时代稳定可靠、可弹性伸缩的数据库服务，包括关系型业务分析数据库 Stork、内存分析型数据库 Lemur、分布式数据库 Teryx 等。

Stork 数据库引擎根据不同业务数据库的需求进行数据存储功能开发，提供便捷统一的数据库管理、使用、监控、运维等服务。

Lemur 是基于内存存储的高性能结构化数据库，支持标准 SQL 语法，可提供每秒百万级别的交互事务和高效的实时数据分析能力。面对大数据业务，可通过在线横向扩展来提高大数据的处理和分析能力，带来更快捷、高效、实时的数据体验。

Teryx 帮助构建拍字节（PB）级别的分布式 OLAP 数据仓库，支持行式、列式、外部存储等多种数据存储形态，提供 MPP 海量并行查询处理框架与服务。

3. 存储服务

Fox 文件系统提供无限扩展、NAS 协议标准文件存储服务。

Boa 块存储提供高性能、高可靠的块级随机存储。

Cayman 非结构数据仓库提供私有对象存储和高效率的非结构化数据管理。

4. 大数据处理服务

DANA 平台提供丰富和强大的数据处理服务引擎，包括如下引擎：

（1）Eagles 实时搜索与分析引擎：实现海量实时在线快速搜索和准确分析服务。

（2）Phoenix 查询引擎：具有低延时、高性能的特点，轻松应对海量消息的发送和接收，服务于大数据领域中数据管道、日志服务、流处理数据中心等应用方案。

（3）Eel 流媒体引擎：支持 RTMP、RTSP、HTIP、HLS 等多种流媒体协议，轻松实现多媒体文件的直播、点播以及虚拟直播等功能。

（4）Dodo 调度引擎：采用流程自动调用组件的形式帮助处理分布式任务的调度、执行和监控。

（5）Mustang 实时流计算引擎：基于 Spark Streaming 实时流计算框架，满足所有对实时性要求高的流计算应用场景和系统需求。

（6）Leopard 智能媒体数据处理引擎：针对海量文档、图片、音视频等数据进行有效快速处理。

1.3.2　政务大数据融合平台

政府管理的数据分为三大类：第一类，政府办理业务和服务过程中产生的数据；第二类，政府统计调查的社情名义数据；第三类，通过物理采集获取的环境数据。把这三类数据加在一起，称作政府的政务大数据。按照政务大数据的开放程度，分为完全公开、有偿公开和不公开三种情况，分别采用合适的平台进行开放。以往建设电子政务主要集中在前两类，随着政府业务在互联网、移动互联网物联网方面的广泛应用，第三类数据的数量和价值不断增加。

各部委及各地政府在信息化建设过程中，围绕着三大类政务数据建设了对应的信息共享平台。如：按照国家政府信息公开条例，普遍政府已创建信息公开平台（门户网站），实现了基础政务数据公开；北京、上海、青岛、武汉等地政府牵头建设专门的数据资源服务平台，提供部分政府数据公开；部分地区政府建设信息资源目录管理平台，实现了基于政务外网的委办局信息资源共享；部分单位内部建设有数据共享交换平台负责内外部数据交换。

政府要贯彻和落实大数据战略需要在技术和制度上实现更大的突破和创新，针对管理和技术上面临的不同瓶颈，在实际建设过程中选择合适的技术、产品和解决方案进行应对。并根据各部门实际信息化建设情况，制定各自的大数据规划与建设策略，最终实现政府数据的共享共用、开放运营和融合应用。

1.3.3　交通大数据融合平台

道路运输管理局运用大数据技术规范对事和物的管理。针对道路运输管理涉及的车辆以及普通货运、危险品运输的行政执法、行政审批、行政管理等业务，通过大数据融合的方式实行行业监督管理，目前已经基本实现行业管理的全覆盖。

在大数据运行的全面监督下，建立政府监督协调、各司其职、各尽其能、相互配合的政府部门管理联动机制，加强市民与政府的良性互动。有利于促进城市管理更加信息化、科学化、规范化，推动城市管理水平的发展，进一步提升城市的综合竞争能力，缩短了与其他一类城市的差距，更有效地提升城市形象，进一步加快城市文明建设的步伐。

随着时代的发展，我们的出行变得越来越便利，同时也带来越发严重的交通安全事故。随着我国的经济高速发展，全国汽车保有量、交通道路、人口等都在不断增加，同时道路交通安全事故也进入高发期。分析事故发生的原因以及找到事故发生的内在规律，对交通部门进行道路交通的改进和提高民众的出行安全具有重大意义。

道路交通事故是指车辆在道路上因过错或者意外造成的人身伤亡或者财产损失的事件。在长期的交通事故司法鉴定中，我们认识到，虽然道路交通事故具有偶然性和突发性等特点，但并非无章可循，交通事故的发生及产生的后果有其必然性。在事故分析中，交通事故的发生原因是责任划分的重要依据，因此事故形成原因显得尤为重要。但由于交通事故的发生受到人（驾驶员）、车、路三方面因素的影响，因此事故形成原因的分析比较复杂，需要综合考虑各方面的影响以及影响程度。

1.3.4　出入境大数据融合平台

国务院《促进大数据发展行动纲要》把大数据作为基础性资源，并强调全面实施数据强国战略。大数据成为国之重策，国家要求加快大数据部署、深化大数据应用。中华人民共和国出入境管理局作为国家进出境监督管理机关，全面加强对大数据技术的理论研究与实践应用，既可为当前出入境管理局适应并引领新常态的改革创新提供信息基础和可行路径，也可为构建"智慧出入境管理局"提供巨大空间与难得机遇。

截至 2016 年，出入境管理局对大数据的探索应用已经初见成效，逐步建设了电子海关、电子总署等信息化体系，实现了报关单、舱单、电子账册等单证数据从分散处理到集中分析、集成应用。分类通关、无纸化通关、区域通关一体化改革等也将大数据技术逐渐应用于海关执法。2018 年，更是深度融合大数据、物联网、云计算等尖端技术，通过"四横四纵"信息化架构建设消除"烟囱"和"孤岛"，重点解决系统集成、数据共享、应用整合等问题。

出入境管理局总署很早就意识到了大数据在未来进出境监管领域的意义和价值。投入巨大精力建设了大数据中心，并分阶段、有计划地将多元数据不断纳入大数据中心，通过自己培养的技术力量清洗、归类、标注各类数据并加以标准化，形成了具有鲜明特色的大数据平台和基础扎实、富有战斗力的研发队伍。与此同时，出入境管理局虽然掌握着实时全口径进出口数据和各部门共享的大量信息，但对数据的研究和利用还远远不够，与驾驭海量交易数据、海量交互数据和海量数据处理等时代要求相比，依然存在着较大的差距。

本章小结

本章从大数据的基本概念出发，首先详细阐述了大数据的特点、大数据的处理流程，进而引出大数据采集的定义，通过对比传统数据采集与大数据采集的异同，给出了大数据采集的技术方法。最后，简单介绍了大数据处理平台，并结合具体应用领域讲述了大数据采集技术的应用。

课后作业

一、名词解释

1. 什么是大数据？
2. 什么是数据采集？
3. 什么是大数据采集？

二、简答题

1. 简述大数据的基本特征。
2. 简述大数据的处理流程。
3. 数据采集与大数据采集的区别是什么？
4. 什么是大数据采集技术？它包含哪些方法？
5. 简述大数据采集技术的主要应用。

第 2 章

大数据同步技术——Datax

◆ **学习目标**

了解 Datax 的概念；

掌握 Datax 的功能；

了解 Datax 读写相关的插件；

熟练运行 Datax 技术。

◆ **本章重点**

Datax 概念及特性；

Datax 的插件使用；

Datax 安装与部署；

Datax 应用实践。

大数据采集技术就是对数据进行 ETL（Extract – Transform – Load）操作，通过对数据进行提取、转换、加载，最终挖掘出数据的潜在价值，提供给用户解决方案或者决策参考。Datax 作为一种开源的 ETL 工具，能够实现各种异构数据源之间高效的数据同步功能。本章从 Datax 的概念出发，阐述了 Datax 的功能、特点、结构和优势，并通过三个应用实例，详细展示了 Datax 的数据同步功能。

2.1　Datax 概述

大数据时代下典型的数据特点包括：数据的多样性、数据来源的广泛性、数据类型的繁杂性等。这种复杂的数据环境给海量大数据的处理带来极大的挑战。

想要处理大数据，首先必须对所需数据源的数据进行抽取和集成，并在数据集成和抽取的过程中对数据进行清洗，以保证数据质量及其可用性。因此，如何进行高效、精准的数据抽取和集成显得至关重要。

现实情况中我们需要的数据源分布在不同的业务系统中，而这些系统往往是异构的，并且分析过程不能影响原有业务系统的运行。这个时候就需要使用 ETL 工具，Datax 作为一种开源的 ETL 工具，能够实现各种异构数据源之间高效的数据同步功能。

什么是 ETL 呢？ETL 是英文 Extract - Transform - Load 的缩写，用来描述将数据从来源端经过抽取（Extract）、转换（Transform）、加载（Load）至目的端的过程，即从业务系统中根据所要分析的主题，建立数据仓库的过程。

2.1.1　Datax 介绍

目前成熟的数据导入导出工具较多，但是一般都只能用于数据导入或者导出，并且只能支持一个或者几个特定类型的数据库。这些工具都存在的一个显著问题：如果有多种不同类型的数据库或文件系统，并且经常需要在它们之间导入导出数据，这些工具便无法提供很好的支持。

另外，很多工具也无法满足 ETL 任务中常见的需求。比如，日期格式转化、特殊字符的转化、编码转换等。

为了解决上述两个问题，Datax 应运而生。

1. 什么是 Datax

Datax 是阿里巴巴集团内被广泛使用的离线数据同步工具/平台，实现包括 MySQL、Oracle、SQL Server、PostgreSQL、HDFS（分布式文件系统）、Hive（Hadoop 数据仓库）、ADS、HBase（Hadoop Database，Hadoop 数据库）、OTS（Open Table Service，开放结构化数据服务）、ODPS（Open Data Processing Service，开放数据处理服务）等各种异构数据源之间高效的数据同步功能。

Datax 本身作为数据同步框架，将不同数据源的同步抽象为从源头数据源读取数据的 Reader（读）插件，以及向目标端写入数据的 Writer（写）插件。理论上 Datax 框架可以支持任意数据源类型的数据同步工作。同时 Datax 插件体系作为一套生态系统，每接入一套新数据源，该新加入的数据源即可实现和现有数据源的互通。

2. 何时用 Datax

Datax 是离线数据同步工具，当需要迁移增量时，建议使用数据传输服务（Data Transmission Service，DTS），而不是 Datax。

针对离线数据，当数据量很大或表非常多时，建议使用 Datax。此时配置文件可编写脚本批量生成。同时可以增大 Datax 本身的并发，并提高运行 Datax 的任务机数量，来达到高并发，从而实现快速迁移。

3. Datax 的设计理念

为了解决异构数据源同步问题，Datax 将复杂的网状同步链路变成了星型数据链路，Datax 作为中间传输载体负责连接各种数据源。当需要接入一个新的数据源时，只需要将此数据源对接到 Datax，便能跟已有的数据源做到无缝数据同步，如图 2-1 所示。

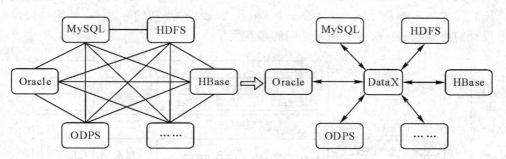

图 2-1　网状同步链路对比星型数据链路

2.1.2　Datax 特点

Datax 是一个在异构的数据库/文件系统之间高速交换数据的工具，实现了在任意的数据处理系统(关系型数据库/分布式存储系统/本地存储)之间的数据交换。它的主要特点如下：

(1) 在异构的数据库/文件系统之间高速交换数据。

(2) 采用 Framework＋Plugin(框架＋插件)架构构建。Framework(框架)处理了缓冲、流控、并发、上下文加载等高速数据交换的大部分技术问题，提供了简单的接口与插件交互，插件仅需实现对数据处理系统的访问，如图 2-2 所示。

① Reader(读模块)：Reader 为数据采集模块，负责采集数据源的数据，将数据发送给 Framework。

② Writer(写模块)：Writer 为数据写入模块，负责不断从 Framework 取数据，并将数据写入目的端。

③ Framework(框架)：Framework 用于连接 Reader 和 Writer，作为两者的数据传输通道，并处理缓冲、流控、并发、数据转换等核心技术问题。

• 运行模式：Stand-alone(独立运行)。

• 数据传输过程在单进程内完成，全内存操作，不读写磁盘，也没有进程间通信。

• 开放式的框架，开发者可以在极短的时间内开发一个新插件以快速支持新的数据库/文件系统。

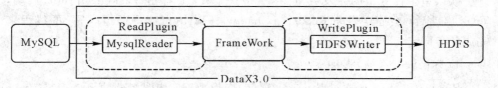

图 2-2　Datax 读写架构

2.1.3 Datax 结构模式

Datax 的整体架构比较简单，如图 2-3 所示。最新的版本支持单机多线程模式完成同步作业运行，本节按一个 Datax 作业生命周期的时序图，从整体架构设计简要说明 Datax 各个模块之间的相互关系。

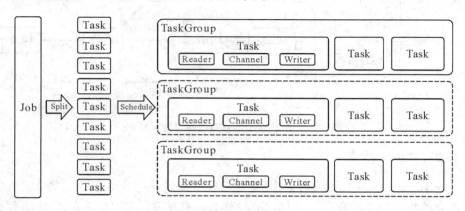

图 2-3 Datax 架构模式

1. 核心模块介绍

1) Job(作业)模块

Job(作业)是 Datax 完成单个数据同步的作业。Datax Job 模块是单个作业的中枢管理节点，承担了数据清理、子任务切分(将单一作业计算转化为多个子任务)、TaskGroup(任务组)管理等功能。例如：Job 监控并等待多个 TaskGroup 模块任务完成，等待所有 TaskGroup 任务完成后 Job 成功退出。否则，异常退出，进程退出值非 0。

2) Task(任务)模块

Task(任务)模块是 Datax 作业的最小单元。每一个 Task 都会负责一部分数据的同步工作。将 Job 切分成多个小的 Task，以便于并发执行。

切分多个 Task 之后，Datax Job 会调用 Scheduler(调度器)模块，根据配置的并发数据量，将拆分成的 Task 重新组合，组装成 TaskGroup。

3) TaskGroup(任务组)模块

TaskGroup 模块，即任务组，它负责以一定的并发运行完毕分配好的所有 Task。

默认单个任务组的并发数量为 5。每一个 Task 都由 TaskGroup 负责启动，Task 启动后，会固定启动 Reader→Channel→Writer(读→通道→写)的线程来完成任务同步工作。

4) Storage(存储)模块

Reader 和 Writer 通过 Storage(存储)交换数据，如图 2-4 所示。

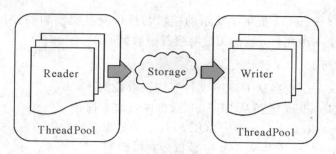

图2-4 任务处理流程

2. 相关插件介绍

Datax框架内部通过双缓冲队列、线程池封装等技术，集中处理了高速数据交换遇到的问题，提供简单的接口与插件交互，插件分为Reader和Writer两类。基于框架提供的插件接口，可以十分便捷地开发出需要的插件。比如，从Oracle数据库导出数据到MySQL数据库，那么需要开发出OracleReader和MySQLWriter插件，装配到框架上即可。并且这样的插件一般情况下在其他数据交换场合是可以通用的。

经过几年积累，Datax目前已经有了比较全面的插件体系，主流的关系型数据库、NoSQL、大数据计算系统都已经接入。Datax目前支持的数据类型和数据源如表2-1所示。

表2-1 Datax支持的数据类型和数据源

类型	数据源	Reader(读)	Writer(写)
关系型数据库	MySQL	√	√
	Oracle	√	√
	SQL Server	√	√
	PostgreSQL	√	√
	达梦	√	√
阿里云数仓数据存储	ODPS	√	√
	ADS		√
	OSS	√	√
	OCS		√
NoSQL数据存储	OTS	√	√
	HBase0.94	√	√
	HBase1.1	√	√
	MongoDB	√	√
无结构化数据存储	TxtFile	√	√
	FTP	√	√
	HDFS	√	√
	ElasticSearch		√

Datax Framework 提供了简单的接口与插件交互机制和插件接入机制，只需要任意加上一种插件，就能无缝对接其他数据源。

1）常用的 Reader 插件

HdfsReader：支持从 HDFS 文件系统获取数据。

MySQLReader：支持从 MySQL 数据库获取数据。

SQLserverReader：支持从 SQL Server 数据库获取数据。

OracleReader：支持从 Oracle 数据库获取数据。

StreamReader：支持从 Stream 流获取数据（常用于测试）。

HttpReader：支持从 HTTP URL 获取数据。

2）常用的 Writer 插件

HdfsWriter：支持向 HDFS 写入数据。

MySQLWriter：支持向 MySQL 写入数据。

OracleWriter：支持向 Oracle 写入数据。

StreamWriter：支持向 Stream 流写入数据（常用于测试）。

3）常用插件详解

（1）HdfsReader。HdfsReader 提供了读取分布式文件系统数据存储的能力。在底层实现上它需要 JDK1.7 及以上版本的支持，HdfsReader 获取分布式文件系统上文件的数据，并转换为 Datax 传输协议传递给 Writer。

HdfsReader 实现了从 Hadoop 分布式文件系统 HDFS 中读取文件数据并转为 Datax 协议的功能。Textfile 是 Hive 创建表时默认使用的存储格式，数据不做压缩，本质上 Textfile 就是以文本的形式将数据存放在 HDFS 中。对于 Datax 而言，HdfsReader 实现上类比 TextFileReader，有诸多相似之处。Orcfile 的全名是 Optimized Row Columnar file，是对 Rcfile 做了优化。

HdfsReader 目前支持的功能如下：

① 支持 Textfile、Orcfile、Rcfile、Sequence File 和 CSV 格式的文件，并且要求文件内容存放的是一张逻辑意义上的二维表。

② 支持多种类型数据读取（使用 String 表示），支持列裁剪、列常量。

③ 支持递归读取、支持正则表达式（"＊"和"?"）。

④ 支持 Orcfile 数据压缩，目前支持 SNAPPY、ZLIB 两种压缩方式。

⑤ 多个 File 可以支持并发读取。

⑥ 支持 Sequence File 数据压缩，目前支持 lzo 压缩方式。

⑦ CSV 类型支持压缩格式有：gzip、bz2、zip、lzo、lzo_deflate、snappy。

⑧ 目前插件中 Hive 版本为 1.1.1，Hadoop 版本为 2.7.1。

⑨ 支持 Kerberos 认证（注意：如果用户需要进行 Kerberos 认证，那么用户使用的 Hadoop 集群版本需要和 HdfsReader 的 Hadoop 版本保持一致，若使用高于 HdfsReader 的 Hadoop 版本，将无法保证 Kerberos 认证有效）。

（2）HdfsWriter。HdfsWriter 提供向 HDFS 文件系统指定路径中写入 Textfile 文件和 Orcfile 文件，文件内容可与 Hive 表关联。

HdfsWriter 目前支持的功能如下：

① HdfsWriter 仅支持 Textfile 和 Orcfile 两种格式的文件，并且文件内容存放的必须是一张逻辑意义上的二维表。

② 由于 HDFS 是文件系统，不存在 Schema 的概念，因此不支持对部分列地写入。

③ 目前仅支持如表 2-2 所示的 Hive 数据类型。

表 2-2 HdfsWriter 支持的 Hive 数据类型

Datax 内部类型	Hive 数据类型
Long	TINYINT，SMALLINT，INT，BIGINT
Double	FLOAT，DOUBLE
String	STRING，VARCHAR，CHAR
Boolean	BOOLEAN
Date	DATE，TIMESTAMP

④ 对于 Hive 分区表，仅支持一次写入单个分区。

⑤ 对于 Textfile 需用户保证写入 HDFS 文件的分隔符与在 Hive 上创建表时的分隔符一致，从而实现写入 HDFS 数据与 Hive 表字段关联。

⑥ HdfsWriter 实现过程是：首先根据用户指定的 Path，创建一个 HDFS 文件系统上不存在的临时目录，创建规则为 Path_随机；然后将读取的文件写入这个临时目录；全部写入后再将这个临时目录下的文件移动到用户指定目录（在创建文件时保证文件名不重复）；最后删除临时目录。如果在中间过程发生网络中断等情况造成无法与 HDFS 建立连接，需要用户手动删除已经写入的文件和临时目录。

⑦ 目前插件中 Hive 版本为 1.1.1，Hadoop 版本为 2.7.1。

⑧ 目前 HdfsWriter 支持 Kerberos 认证（注意：如果用户需要进行 Kerberos 认证，那么用户使用的 Hadoop 集群版本需要和 HdfsWriter 的 Hadoop 版本保持一致，若使用高于 HdfsWriter 的 Hadoop 版本，将无法保证 Kerberos 认证有效）。

（3）MySQLReader。MySQLReader 插件实现了从 MySQL 读取数据。在底层实现上，MySQLReader 通过 JDBC 连接远程 MySQL 数据库，并执行相应的 SQL 语句将数据从 MySQL 数据库中选择出来。

不同于其他关系型数据库，MySQLReader 不支持 FetchSize。它的实现原理是：MySQLReader 通过 JDBC 连接器连接到远程的 MySQL 数据库，并根据用户配置的信息生成查询 Select SQL 语句，然后发送给远程 MySQL 数据库，并将该 SQL 执行返回结果使用 Datax 自定义的数据类型拼装为抽象的数据集，传递给下游 Writer 处理。

对于用户配置 Table、Column、Where 的信息，MySQLReader 将其拼接为 SQL 语句发送给 MySQL 数据库；对于用户配置 Query SQL 信息，MySQL-Reader 直接将其发送给 MySQL 数据库。

（4）MySQLWriter。MySQLWriter 插件实现了写入数据到 MySQL 主库目的表的功能。在底层实现上，MySQLWriter 通过 JDBC 连接远程 MySQL 数据库，并执行相应的"insert into..."或者"replace into..."的 SQL 语句将数据写入 MySQL，内部会分批次提交入库，需要数据库本身采用 InnoDB 引擎。

MySQLWriter 面向 ETL 开发工程师，他们使用 MySQLWriter 从数据仓库导入数据到 MySQL。同时 MySQLWriter 亦可以作为数据迁移工具为 DBA 等用户提供服务。它的实现原理是：MySQLWriter 通过 Datax 框架获取 Reader 生成的协议数据，根据配置的 WriteMode 生成"insert into..."（当主键/唯一性索引冲突时会写不进去冲突的行）或者"replace into..."（没有遇到主键/唯一性索引冲突时，与 insert into 行为一致；冲突时会用新行替换原有行所有字段）的语句写入数据到 MySQL。出于性能考虑，采用了 PreparedStatement＋Batch，并且设置了 rewriteBatchedStatements＝true，将数据缓冲到线程上下文 Buffer 中，当 Buffer 累积到预定阈值时，才发起写入请求。

注意：目的表所在的数据库必须是主库才能写入数据。整个任务至少需要具备"insert/replace into..."的权限，是否需要其他权限，取决于任务配置在 preSQL 和 postSQL 中指定的语句。

2.1.4　Datax 的优势

目前有很多数据同步技术，如 Datax、Sqoop、DBSync、Kettle 等，每种数据同步技术均有自己的优势。下面将常用的数据同步技术 Datax 和 Sqoop 从不同维度进行对比，以更好地说明使用 Datax 技术的优势所在。

1. 功能对比

Sqoop 是 Apache 下的顶级项目，用来将 Hadoop 和关系型数据库中的数据相互转移，可以将一个关系型数据库（例如：MySQL，Oracle，PostgreSQL 等）中的数据导入到 Hadoop 的 HDFS 中，也可以将 HDFS 的数据导入到关系型数据库中。目前在各个公司应用广泛，且发展前景比较乐观。其特点在于：

（1）专门为 Hadoop 而生，随 Hadoop 版本更新支持程度好，且原本是从 CDH 版本孵化出来的开源项目，支持 CDH4。

（2）支持并行导入，速度较快，可以指定按某个字段进行拆分完成并行化导入过程。

（3）支持按字段进行导入与导出。

（4）自带的辅助工具比较丰富，如 sqoop—import、sqoop—list—databases、sqoop—list—tables 等。

Datax 是阿里巴巴集团的开源数据导入与导出工具，支持 HDFS 集群与各种关系型数据库之间的数据交换。其特点在于：

（1）官方版本支持的 Hadoop 版本较低（0.19），暂不支持高版本（如 CDH4 等）。

（2）支持从一个 HDFS 集群到另一个 HDFS 集群之间的数据导入与导出。

（3）支持数据不落地的并行导入与导出。

2. 架构对比

Datax 与 Sqoop 两者从原理上看比较相似，都是解决异构环境的数据交换问题，都支持 Oracle、MySQL、HDFS、Hive 的互相交换，对于不同数据库的支持都是插件式的，对于新增的数据源类型，只要新开发一个插件就都可以使用。但是两者的架构图也存在着明细的不同，详见图 2-5 和图 2-6。

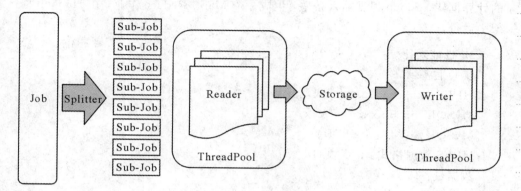

图 2-5　Datax 架构图

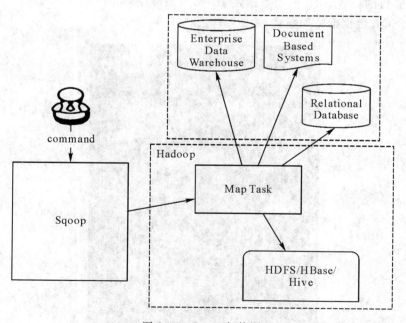

图 2-6　Sqoop 架构图

从图 2-5 可以看出，Datax 的架构包含如下六个核心模块。因此，Datax 直接在运行 Datax 的机器上进行数据的抽取及加载。

（1）Job(作业)：一道数据同步作业。

（2）Splitter(分割器)：作业切分模块，将一个大任务分解成多个可以并发的小任务。

（3）Sub-job(子任务)：数据同步作业切分后的小任务。

（4）Reader(读模块)：数据读入模块，负责运行切分后的小任务，将数据从源头装载入 Datax。

（5）Storage(存储)：Reader 和 Writer 通过 Storage 交换数据。

（6）Writer(写模块)：数据写出模块，负责将数据从 Datax 导入到目的数据地。

从图 2-6 可以看出，Sqoop 的架构原理是：Sqoop 充分利用 Map - Reduce 的计算框架。Sqoop 根据输入条件，生成一个 Map - Reduce 作业，在 Hadoop 框架中运行。

3. 性能对比

实验准备：

HDFS：xxx. xxx. xxx. xxx。

MySQL：xxx. xxx. xxx. xxx。

MySQL 表类型：InnoDB。

HDFS 数据格式：text 文件。

数据量：19 条。

字段数量：3 个字段。

实验目的：MySQL 读出数据，HDFS 写入数据。

MySQL 数据准备如图 2-7 所示。

```
mysql> select * from student;
+----+---------+------------+
| id | name    | dri_date   |
+----+---------+------------+
|  1 | mei     | 2014-3-1   |
|  2 | lo      | 2015-5-6   |
|  3 | lanlan  | 2015-3-4   |
|  4 | helan   | 2013-4-20  |
|  4 | yee     | 2015-4-3   |
|  5 | yeelll  | 2015-4-3   |
|  6 | kande   | 2015-4-3   |
| 10 | kind    | 2016-4-3   |
| 11 | lind    | 2016-9-3   |
| 12 | luo     | 2016-10-3  |
| 13 | luomomo | 2018-10-3  |
| 14 | helan   | 2019-10-3  |
| 15 | shelan  | 2017-10-3  |
| 16 | hejlan  | 2017-10-3  |
| 17 | woma    | 2017-10-3  |
| 18 | wulan   | 2017-10-10 |
| 19 | zhanlan | 2019-10-10 |
| 20 | kaka    | 2029-10-10 |
| 21 | wula.   | 2029-1-10  |
+----+---------+------------+
```

图 2-7　MySQL 数据准备表

Sqoop 执行数据同步命令如下：

sqoop import - - connect jdbc:mysql://localhost:3306/test2 - - username root - P - - table student - - columns "id,name,dri_date" - - target - dir /sqoop/

验证结果如图 2-8 所示。

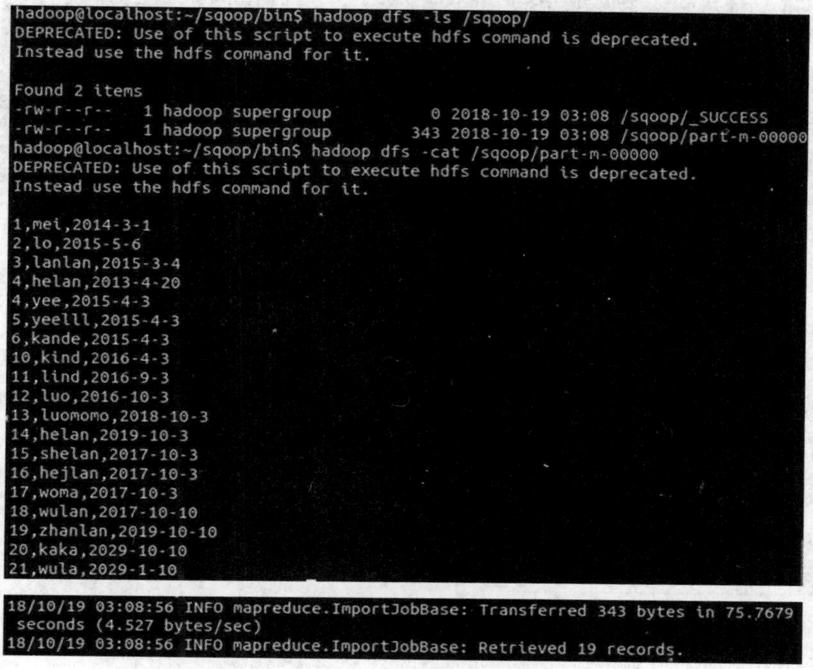

图 2-8　Sqoop 执行数据同步结果

由图 2-8 可以得到结果：在 75.7679 秒内传输 343 个字节(4.527 字节/秒)，检索到 19 条记录。

Datax 执行数据同步命令如下：

```
python datax.py ../job/mysql_hdfs.json
```

验证结果如图 2-9 所示。

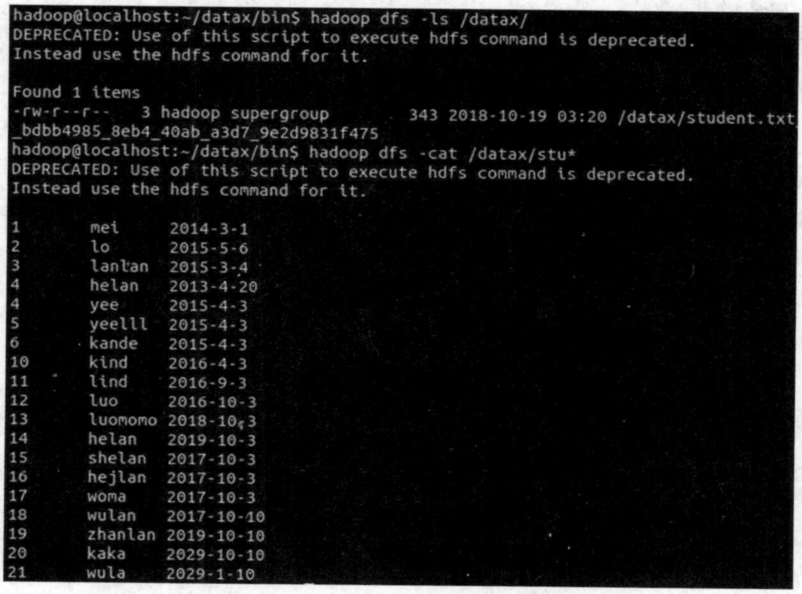

```
2018-10-19 03:20:28.924 [job-0] INFO  JobContainer -
任务启动时刻                    : 2018-10-19 03:20:07
任务结束时刻                    : 2018-10-19 03:20:28
任务总计耗时                    :                 21s
任务平均流量                    :               28B/s
记录写入速度                    :              1rec/s
读出记录总数                    :                  19
读写失败总数                    :                   0
```

图 2－9 Datax 执行数据同步结果

由图 2－9 可以得到结果：在 21 秒内传输 343 个字节(28 字节/秒)，检索到 19 条记录。

通过实验结果对比可知，在伪分布式 Hadoop 集群上，检索同样数据量，Datax 处理时间较 Sqoop 节省了 3 倍之多，Datax 吞吐量是 Sqoop 的 6 倍之多。实验结果表明，相较于 Sqoop，Datax 的处理效率更高。当然这和环境也有很大关系，在 Hadoop 节点较多时，Sqoop 的同步速度更快。

2.2 Datax 安装与配置

本节详细介绍 Java 环境配置、安装 Python 和 Datax，并通过测试验证 Datax 的配置。

2.2.1 配置 Java 环境

安装 Datax 需要 Linux 系统、Java(1.8 及以上)环境和 Python(2.7 及以上)环境。如果系统自带了 Java 8 及以上版本，则不用重新安装，直接使用自带的 JDK 即可；如果没有安装 Java 或 JDK 版本太旧，则需要自行安装。下面详细介绍 Java 安装的步骤。

(1) 验证 Java 安装。如果机器上已经安装了 Java，运行如下命令可以看到已安装的 Java 版本信息。

```
java - version
```

(2) 下载 JDK。如果没有下载 Java，可访问以下链接并下载最新版 JDK。

http://www.oracle.com/technetwork/java/javase/downloads/index.html

目前最新版本是 JDK 10.0.2，文件是"jdk-10.0.2-linux-x64_bin.tar.gz"。下载目录为"/opt"。本文以最新版 JDK10.0.2 为例，讲解如何安装和配置 Java。

(3) 提取文件。在"/opt"目录下，使用以下命令提取 JDK 文件。

```
pwd/opt tar - zxf jdk-10.0.2-linux-x64_bin.tar.gz
```

(4) 移动到选择目录。使用 mkdir 创建目录，并将 Java 解压文件移动到该目录。

```
mkdir /opt/jdk
mv jdk-10.0.2 /opt/jdk/
```

（5）设置路径和环境变量。要设置路径和 JAVA_HOME 变量，可将以下命令添加到"~/. bashrc"文件：

```
export JAVA_HOME＝/opt/jdk/jdk－10.0.2
export PATH＝$PATH：$JAVA_HOME/bin
```

运行如下命令可将所有更改应用到当前运行的系统。

```
source ~/. bashrc
```

（6）运行如下命令验证 Java 是否安装成功。

```
java－version
```

2.2.2 安装 Python

1. 下载 Python

访问以下链接，进入要下载的版本目录，选择"∗. tar. xz"文件下载。本书选用 Python－2.7.11. tar. xz 包进行安装。

https://www. python. org/downloads/source/

2. 安装 Python

使用 tar 解压要安装的目录。这里以解压到"/opt/"为例讲解如何安装 Python（注：请根据需要设置实际安装路径），运行命令如下：

```
tar－xzvf Python－2.7.11. tar. xz－C /opt/
```

本示例 Python 解压后的路径是在"/opt/python"，仅供参考。在"/opt/python/"目录下执行如下命令：

```
./configure－－prefix＝/opt/Python
make && make install
```

3. 创建 Python 软链接

目标目录如下，仅供参考。

```
In－sf /opt/Python/bin/python2.7 /soft/python
```

2.2.3 安装 Datax

1. 下载 Datax

访问以下链接，直接下载 datax. tar. gz 文件。

http://datax－opensource. oss－cn－hangzhou. aliyuncs. com/datax. tar. gz

下载后解压至本地某个目录（如果需要使用到 HDFS 文件系统数据的抽取，最好放在 Hadoop 搭建时使用的用户主目录下）。进入 bin 目录，使用 Python 命令调用 datax. py 脚本即可运行同步作业。操作命令如下（注：相关插件都存放在 plugin 目录下，分为 reader、writer 两类）：

```
cd 〔YOUR_DATAX_HOME〕/bin
python datax. py｛YOUR_JOB. json｝
```

2. 验证 Datax 安装

例如：从 stream 读取数据并打印到控制台。

在 Datax 的"job/"目录下可以看到自带的示例"job. json"文件，内容如图 2 - 10 所示。

```json
"job": {
    "setting": {
        "speed": {
            "byte":10485760
        },
        "errorLimit": {
            "record": 0,
            "percentage": 0.02
        }
    },
    "content": [
        {
            "reader": {
                "name": "streamreader",
                "parameter": {
                    "column" : [
                        {
                            "value": "DataX",
                            "type": "string"
                        },
                        {
                            "value": 19890604,
                            "type": "long"
                        },
                        {
                            "value": "1989-06-04 00:00:00",
                            "type": "date"
                        },
                        {
                            "value": true,
                            "type": "bool"
                        },
                        {
                            "value": "test",
                            "type": "bytes"
                        }
                    ],
                    "sliceRecordCount": 100000
                }
            },
            "writer": {
                "name": "streamwriter",
                "parameter": {
                    "print": true,
                    "encoding": "UTF-8"
                }
            }
        }
    ]
}
```

图 2 - 10　从 stream 读取数据并打印 job. json 文件

启动 Datax 执行任务命令如下：

cd {YOUR_DATAX_DIR_BIN}

python datax. py .. /job/job. json

注：{YOUR_DATAX_DIR_BIN}即安装 Datax 的路径下的 bin 目录。

同步任务执行完成，显示日志如图 2-11 所示。

```
2018-09-26 19:33:28.839 [job-0] INFO  JobContainer -
任务启动时刻                    : 2018-09-26 19:33:08
任务结束时刻                    : 2018-09-26 19:33:28
任务总计耗时                    :                 20s
任务平均流量                    :          126.95KB/s
记录写入速度                    :           5000rec/s
读出记录总数                    :              100000
读写失败总数                    :                   0
```

图 2-11　Datax 同步数据日志

2.3　Datax 应用实例

本节通过三个实例详细讲解 Datax 的用法，包括跨文件系统数据同步、跨数据库数据同步和同类数据库数据同步。

运行 Datax 任务很简单，只要执行 Python 脚本即可。运行后，可在终端查看运行信息。建议真正运行任务时，可按照 ODPS 迁移指南中给出的批量工具的方式运行；即将所有的命令整理到一个 sh 文件中，最后再用 nohup 运行该文件。

下表 2-3 是一个 job.json 的组成。

表 2-3　job.json 组成

Datax 主要配置项	描　　述
job 控制参数	—
Reader 参数	Reader 配置 reader，包括 name 和 parameter 参数；parameter 参数中包含了 Reader 所需的自定义参数
Writer 参数	Writer 配置 writer 包括 name 和 parameter 参数；parameter 参数中包含了 Writer 所需的自定义参数

2.3.1　跨文件系统数据同步

本实例使用 Datax 技术实现从 CSV 文件同步到 Stork 数据库。

以天气类数据为例来实现跨文件系统数据同步，详细实现步骤如下所示：

（1）在数据中心建表。点击"数据中心"→数据仓库，然后点击"添加数据库"，新增"demo"数据库和"ods_weather"表，如图 2-12 所示。

图 2-12　添加数据库

（2）新建脚本目录。点击"批量抽取"→Datax，然后点击"＋"新增脚本目录，可以新增"demo"目录，如图 2-13 所示。

图 2-13　添加目录

（3）新建数据接入脚本。选择相关数据源，加载 Datax 模板。本次实例选择的是"Textfile"输入插件和"Stork"输出插件，如图 2-14 所示。

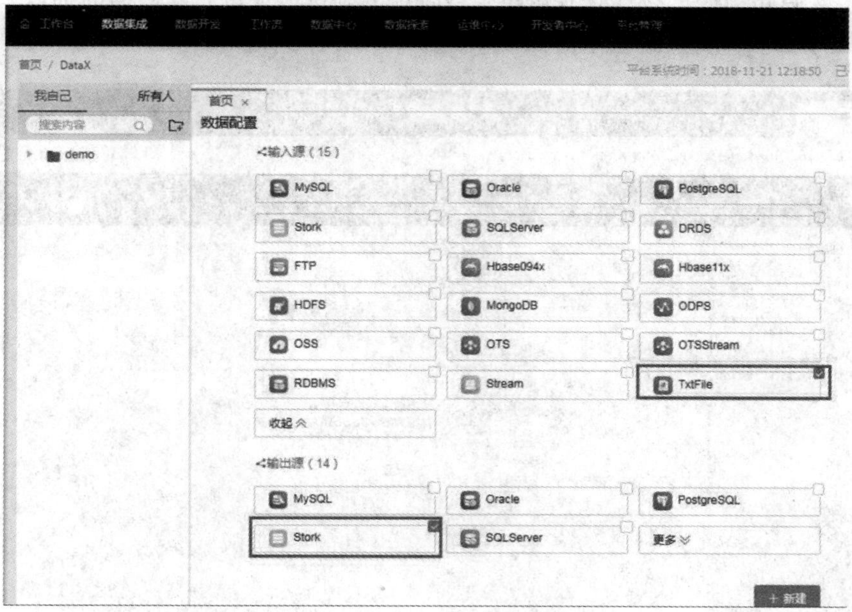

图 2-14 选择输入输出源类型

(4) 填写相关参数，加载 Datax 模板，将附件中"脚本"文件夹中的"datax"文件夹的 ods_weather.txt（事故类：ods_accident.txt，车辆类：ods_carinfo.txt，司机类：ods_drviverinfo.txt）文件中的内容粘贴到编辑器中（注意：要覆盖原来的模板），如图 2-15 所示。

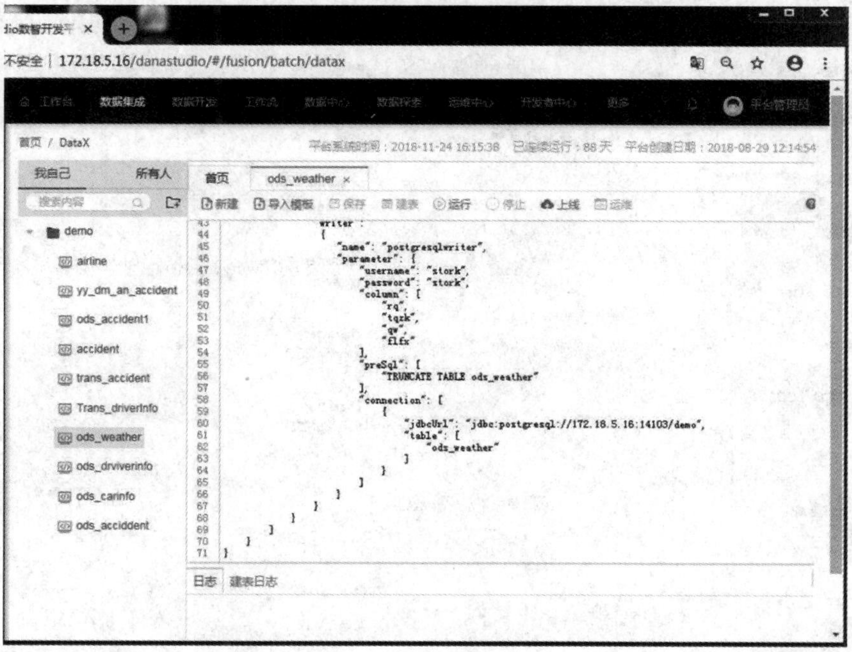

图 2-15 导入 ods_weather 表数据到 Datax 模板

（5）点击"保存"按钮保存脚本，然后点击"运行"按钮完成数据的抽取。可以在数据中心 demo 数据仓库中找到 ods_weather 表，如图 2-16 所示。

图 2-16　ods_weather 表数据抽取成功

（6）点击"详情"按钮，可以查看 ods_weather 表的详细信息，包括表的结构、表的属性和表的数据值，如图 2-17 所示。

ods_weather			×

系统属性	表结构（4）	表数据	
数据库名称：demo	字段	类型	描述
数据表名称：ods_weather	rq	character varying(255)	日期
数据表别名：ods_weather	tqzk	character varying(255)	天气状况
资源类型：stork	qw	character varying(255)	气温
数据表描述：	flfx	character varying(255)	风力风向
数据层名称：ODS			
星标：			
总大小：72 kB			
标签：			

图 2-17　ods_weather 表详细信息

2.3.2 跨数据库数据同步

本节将介绍不同数据库类型之间的数据同步实例。下面列出了详细实现步骤：

（1）先准备好一个 CSV 文件，存放到本地电脑某个路径下面，如图 2 - 18 所示。

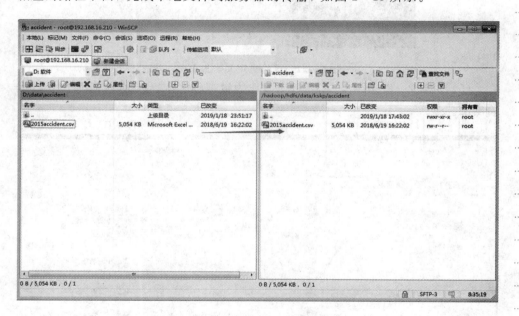

图 2 - 18　本地 CSV 文件

（2）打开 Winscp 远程工具登录到集群服务器，将准备好的 CSV 文件拖动到相应的路径下面，完成本地文件到服务器的传输，如图 2 - 19 所示。

图 2 - 19　文件从本地上传服务器

（3）打开 Putty 远程登录工具，登录到集群服务器，利用 HDFS 命令将上传到服务器的文件，再次上传到 HDFS 分布式文件系统，如图 2 - 20 所示。

```
[root@host-192-168-16-210 data]$ hadoop fs -mkdir -p /demo
[root@host-192-168-16-210 data]$ hadoop fs -put /hadoop/hdfs/data/kskp/accident/2015accident.csv /demo/
[root@host-192-168-16-210 data]$ hadoop fs -ls /demo
Found 1 items
-rw-r--r--   3 hadoop hadoop   5174922 2019-01-20 22:50 /demo/2015accident.csv
```

图 2 - 20　文件从服务器上传 HDFS

（4）如图 2-21 所示，进入平台的数据集成模块，选择自定义数据采集菜单，这样可以灵活选择输入和输出数据源。

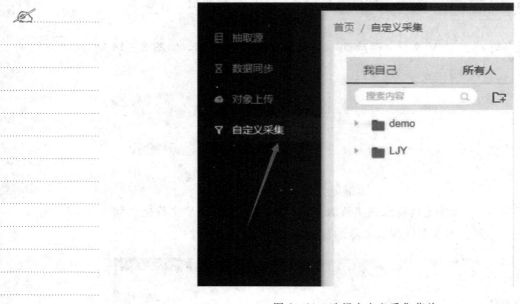

图 2-21 选择自定义采集菜单

（5）如图 2-22 所示，选择 HDFS 作为数据输入源，PostgreSQL 作为数据输出源。

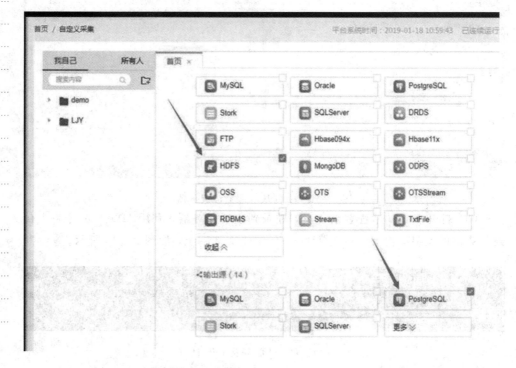

图 2-22 选择 HDFS 为数据输入源和 PostgreSQL 为数据输出源

（6）配置数据输入源代码，如图 2-23 所示。并配置数据输出源代码，如图 2-24 所示。在图 2-25 所示界面中，修改数据集成模板代码，保存并点击"运行"按钮，则 HDFS 上的文件数据将被抽取到 PostgreSQL 数据库。

```
1   {
2       "job": {
3           "setting": {
4               "speed": {
5                   "channel": 32
6               },
7               "errorLimit": {
8                   "record": 0,
9                   "percentage": 0.02
10              }
11          },
12          "content": [
13              {
14                  "reader":
15                  {
16                      "name": "hdfsreader",
17                      "parameter": {
18                          "path": "/demo/*",
19                          "defaultFS": "hdfs://192.168.16.211:8020",
20                          "column": [
21                              {
22                                  "index": 0,
23                                  "type": "string"
24                              },
25                              {
26                                  "index": 1,
27                                  "type": "string"
28                              }
29                          ],
30                          "fileType": "csv",
```

图 2-23　配置数据输入源代码

```
29                          ],
30                          "fileType": "csv",
31                          "encoding": "UTF-8",
32                          "fieldDelimiter": ","
33                      }
34
35                  ],
36                  "writer":
37                  {
38                      "name": "postgresqlwriter",
39                      "parameter": {
40                          "username": "stork",
41                          "password": "stork",
42                          "column": [
43                              "accidentid",
44                              "driverlinfoid",
45                          ],
46                          "preSql": [
47                              "TRUNCATE TABLE ods_accident"
48                          ],
49                          "connection": [
50                              {
51                                  "jdbcUrl": "jdbc:postgresql://192.168.16.203:14103/demo",
52                                  "table": [
53                                      "ods_accident"
54                                  ]
55                              }
56                          ]
57                      }
58                  }
```

图 2-24　配置数据输出源代码

图 2-25 保存和运行数据集成代码

（7）如图 2-26 所示，打开 Navicat 数据库管理工具，连接到 PostgreSQL 数据库服务器，查看导入的 ods 数据库表。

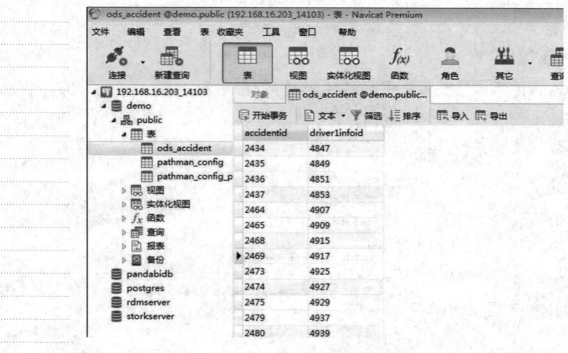

图 2-26 查看 ods_accident 数据库表

2.3.3　同类数据库数据同步

本节将重点讲解同类数据库之间的数据同步实例。从数据库到数据库的数据抽取，以事故类数据为例，详细实现步骤如下：

（1）新建数据接入脚本。选择相关数据源，加载 Datax 模板。本次实例选择的是"PostgreSQL"输入插件和"PostgreSQL"输出插件，如图 2-27 所示。

图 2-27　输入输出源类型选择

（2）填写相关参数，加载 Datax 模板，并修改模板内容。trans_accident 文件中 Reader 的配置内容如图 2-28 所示，Writer 的配置内容如图 2-29 所示。

图 2-28　trans_accident 文件中 Reader 的配置内容

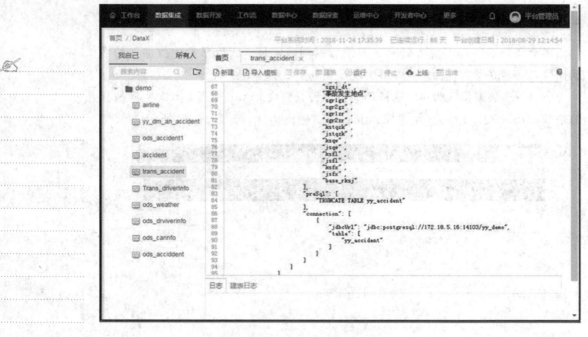

图 2 - 29　trans_accident 文件中 Writer 的配置内容

（3）点击"保存"按钮保存脚本，然后点击"运行"按钮完成数据的抽取，可以在数据中心 demo 和 yy_demo 数据仓库中找到对应的 dm_an_accident 表和 yy_accident表进行对比。图 2 - 30 为 dm_am_accident 表的内容，图 2 - 31 为 yy_accident表的内容。

dm_an_accident			✕
系统属性	**表结构（20）**　表数据		
数据库名称：demo	字段	类型	描述
数据表名称：dm_an_accident	dm_zj	character varying(255)	
数据表别名：dm_an_accident ✎	sgbh	character varying(255)	
资源类型：stork	sgdsr1	character varying(255)	
数据表描述： ✎	sgdsr2	character varying(255)	
数据层名称：ODS ✎	sgsj	character varying(255)	
星标：⬤			
总大小：12 MB	sgsj_dt	character varying(255)	
标签：			

图 2 - 30　dm_an_accident 表内容

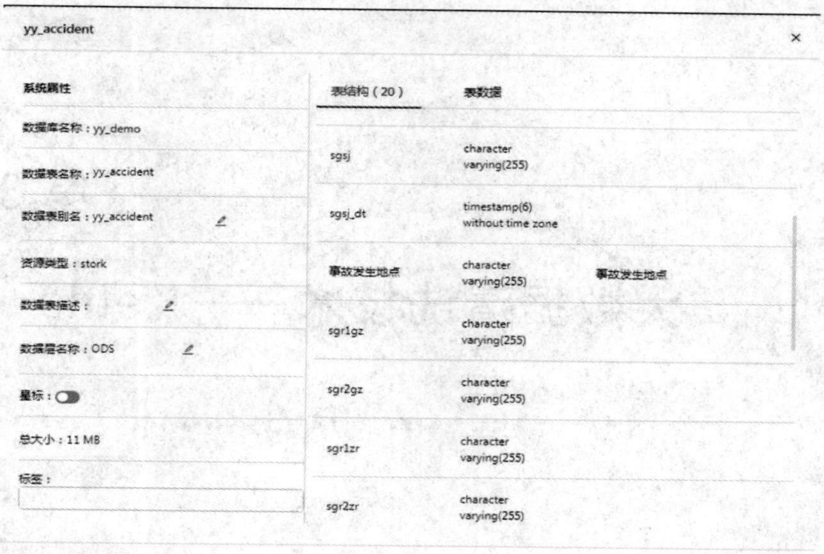

图 2-31 yy_accident 表内容

本章小结

本章主要讲解 Datax 的概念、架构、安装和使用。首先讲述了 Datax 的基本概念、特点和架构，然后详细介绍了如何安装部署 Datax，最后通过三个应用实例详细阐述了 Datax 在大数据同步迁移中的应用。

课后作业

一、名词解释

1. 在 JSON 文件编写中，jdbcURL 是什么？写出一个 MySQL 的链接地址。

2. 在 JSON 文件编写中，splitPk 是什么？

3. 在 JSON 文件编写中，where 是什么？

二、简答题

1. Datax 的优点是什么？

2. 列举三个 Datax 的相关插件。

3. 简述 Datax 的核心模块。

三、编程题

1. 在 MySQL 里创建数据库，并建表插入数据（格式：id int，name varchar，class varchar，teacher varchar，数据不少于 10 条），建立新表。编写 JSON 文件，实现 MySQL 到 MySQL 的数据迁移。

2. 编写 JSON 文件，实现 MySQL 到 HDFS 的数据迁移。

第 3 章

大数据清洗技术——Kettle

◇ **学习目标**

> 了解 Kettle 的基本概念；
> 掌握 Kettle 的模块；
> 掌握 Kettle 的安装与配置；
> 掌握 Kettle 的应用。

◇ **本章重点**

> Kettle 的概念及框架；
> Kettle 的功能模块；
> Kettle 安装与配置；
> Kettle 应用实践。

本章从 Kettle 的基本概念出发，详细描述 Kettle 主体框架中各程序的主要功能，并简要介绍 Kettle 的一些设计原则及应用场景。然后，深入阐述 Kettle 的不同功能模块。此外，还提供了安装和配置 Kettle 的详细过程指导，并通过三个应用实例，帮助读者快速了解 Kettle 的特性和功能。

3.1 Kettle 概述

Kettle 是一款国外开源的 ETL 工具，纯 Java 编写，可以在 Window、Linux、Unix 系统上运行，数据抽取高效稳定。

3.1.1　Kettle 概念

Kettle 是"Kettle E. T. T. L. Environment"只取首字母的缩写，意味着它被设计用来帮助用户实现 ETTL 需要：抽取、转换、装入和加载数据。Kettle 中文名称叫水壶，该项目的主程序员 MATT 希望把各种数据放到一个水壶里，然后以一种指定的格式流出。Kettle 允许用户管理来自不同数据库的数据，通过提供一个图形化的用户环境来描述想做什么，而不是想怎么做。Kettle 作为 Pentaho 的一个重要组成部分，在国内项目应用上逐渐增多。

Kettle 工程存储方式有两种：一种是以 XML 形式存储，一种是以资源库方式存储。

Kettle 中有两类设计分别是：Transformation（转换）与 Job（作业），Transformation 完成针对数据的基础转换，Job 则完成整个工作流的控制。

Kettle 作为一个独立的产品，包括了在 ETL 开发和部署阶段用到的多个程序。每个程序都有独立的功能，也或多或少地依赖于其他程序。Kettle 的主体框架如图 3-1 所示。

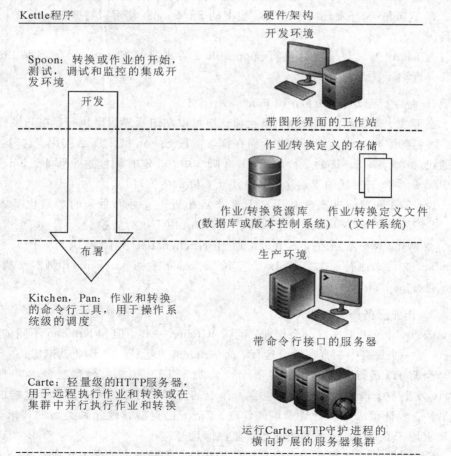

图 3-1　Kettle 主体框架图

下面简要描述了图 3-1 里列出程序的主要功能。

（1）Spoon：集成开发环境。提供一个图形用户界面，用于创建/编辑作业或转换。Spoon 也可以用于执行/调试作业或转换，它也有性能监控的功能。

（2）Kitchen：作业的命令行运行程序，可以通过 Shell 脚本来调用。Shell 脚本一般通过调度程序，如 Cron 或 Windows 计划任务，来调度执行。

（3）Pan：转换的命令行运行程序，和 Kitchen 一样通过 Shell 脚本来调用。执行转换而不是作业。

（4）Carte：轻量级的 HTTP 服务器（基于 Jetty），后台运行，监听 HTTP 请求来运行作业。Carte 也用于分布式和协调跨机器执行作业，也就是 Kettle 的集群。

下面详细介绍这些程序的功能。

1. 集成开发环境：Spoon

Spoon 是 Kettle 的集成开发环境（IDE）。它提供了图形化的界面，用于创建和编辑任务或转换定义。同时也提供了执行和调试任务或转换，并且还包括性能监控功能。在项目开发阶段通过使用该工具将流程设计为对应的转换和作业。

在 Windows 开发环境双击安装包下的 Spoon.bat 便可以打开 Spoon 图形化工具。

在 Linux 开发环境需要执行 spoon.sh 文件来打开 Spoon，必须确保 Linux 安装并开启了图形化界面。

2. 命令行启动：Kitchen 和 Pan

在开发、调试和测试阶段，作业和转换可以在图形界面里执行。在开发完成后，需要部署到实际运行环境中，而在部署阶段 Spoon 就没那么实用。这时，需要通过命令行执行，将命令行放入 Shell 脚本中，并定时调度这个脚本。Kitchen 和 Pan 命令行工具就用于这个阶段，用于实际的生产环境。

Kitchen 和 Pan 在概念和用法上都非常相近，这两个命令的参数也基本一样。唯一不同的是 Kitchen 用于执行作业，Pan 用于执行转换。

在 Windows 系统下，Kitchen 通过 Kitchen.bat 文件来执行，Pan 通过 Pan.bat 文件来执行。在类 Unix 系统下，Kitchen 通过 kitchen.sh 脚本来执行，Pan 通过 pan.sh 脚本来执行。

3. 作业服务器：Carte

Carte 服务用于执行一个作业，就像 Kitchen 一样。但和 Kitchen 不同的是，Carte 是一个服务，一直在后台运行，而 Kitchen 只运行一个作业就退出。

当 Carte 运行时，一直在某个端口监听 HTTP 请求。远程机器客户端给 Carte 发出一个请求，在请求里包含了作业的定义。当 Carte 接收到了这样的请求后，它验证请求并执行请求里的作业。Carte 也支持其他几种类型的请求，这些请求用于获取 Carte 的执行进度、监控信息等。

Carte 是 Kettle 集群中一个重要的构建块。集群可将单个工作或转换分成几部分，在 Carte 服务器的多个计算机上并行执行，因此可以分散工作负载。

3.1.2 Kettle 设计原则

Kettle 工具在设计初始就考虑到了一些设计原则。这些原则借鉴了以前使用其他一些 ETL 工具积累下的经验和教训。下面列举了 Kettle 的一些设计原则。

（1）易于开发。作为数据仓库和 ETL 开发者，只想把时间用在创建 BI 解决方案上。任何用于软件安装、配置的时间都是一种浪费。例如，为了创建数据库连接，很多与 Kettle 类似的 Java 工具都要求用户手工输入数据库驱动类名和 JDBC URL 连接串。尽管用户通过互联网都能搜索到这些信息，但这明显把用户的注意力转移到了技术方面而非业务方面。Kettle 尽量避免了这类问题的发生。

（2）避免自定义开发。一般来说，ETL 工具要简单，使复杂的事情成为可能。ETL 工具提供了标准化的构建组件来满足 ETL 开发人员不断重复的需求。当然可以通过手工写 Java 代码来实现一些功能，但增加的每一行代码都给项目增加了复杂度和维护成本。所以尽量避免手工开发，尽量使用已提供组件的各种组合来完成任务。

（3）所有功能都通过用户界面完成。对于这一黄金准则也有很少的几个例子（如 kettle. properties 和 shared. xml 文件就是两个例子，不能通过界面，要手工修改配置文件）。如果不直接把所有功能通过界面的方式提供给用户，实际上就是在浪费开发人员的时间，也是在浪费用户的时间。专家级的 ETL 用户还要去学习隐藏在界面以外的一些特性。在 Kettle 里，ETL 元数据可以通过 XML 格式表现，或通过资源库，或通过使用 Java API。无论 ETL 元数据以哪种形式提供，都可以通过图形用户界面来编辑。

（4）没有命名限制。ETL 转换里有各种各样的名称，如数据库连接、转换、步骤、数据字段、作业等都要有一个名称。如果还要在命名时考虑到一些限制（如长度、选择的字符），就会给工作带来一定麻烦。ETL 工具需要足够智能化来处理 ETL 开发人员设置的各种名称。最终的 ETL 解决方案应该可以尽可能地自描述，这样可以部分减少文档的需求，减少项目维护成本。

（5）透明。如果有 ETL 工具需要了解转换中某一部分工作是如何完成的，那么这个 ETL 工具就不透明。当然，如果想自己实现 ETL 工具里某一个同样的功能，那么就要确切地知道这一部分功能是如何完成的。允许用户看到 ETL 过程中各部分的运行状态是很重要的，这样可以加快开发速度、降低维护成本。ETL 工作流程中的不同部分不能互相影响，它们应该只是以指定的顺序传递数据，这种数据隔离的原则也在很大程度上影响了透明性，那些使用非数据隔离的 ETL 工具的用户能够直接感受到透明的益处。

（6）灵活的数据通道。对 ETL 开发者来说，创造性极其重要，创造性不但可以享受到工作的乐趣，而且能够以最快的方式开发出 ETL 方案。Kettle 从设计初始就在数据发送、接收方式上尽可能灵活。Kettle 可以在文本文件、关系数据库等不同目标之间复制和分数据，从不同数据源合并数据也是内核引擎的一部分，也同样很简单。

（7）只映射需要映射的字段。在一些 ETL 工具里经常可以看到数百行的输入和输出映射，对于维护人员来说这是一个噩梦。在 ETL 开发过程中，字段要经常变动，这样大量映射也会增加维护成本。Kettle 的一个重要核心原则就是在 ETL 流程中所有未指定的字段都自动被传递到下一个组件，这个原则极大减少了维护成本。也就是说输入中的字段会自动出现在输出中，除非中间过程特别设置了终止某个字段的传递。

3.1.3　Kettle 设计模块

通常每个 ETL 工具都用不同的名字来区分不同的组成部分。通过名字说明了这一组成部分的功能，或可以使用这一部分得到什么结果，Kettle 也不例外。本节解释了一些 Kettle 特定的功能名称。通过阅读本节可以了解如何在转换里逐行处理转换，如何在作业里处理工作流，也能学习到诸如数据类型和数据转换等知识。

1. 转换

转换（Transformation）是 ETL 解决方案中最主要的部分。它处理抽取、转换、加载各阶段各种对数据行的操作。转换包括一个或多个步骤（Step），如读取文件、过滤输出行、数据清洗和将数据加载到数据库。

转换里的步骤通过跳（Hop）来连接，跳定义了一个单向通道，允许数据从一个步骤向另一个步骤流动。在 Kettle 里，数据的单位是行，数据流就是数据行从一个步骤到另一个步骤的移动。数据流的另一个同义词就是记录流。

除了步骤和跳，转换还包括注释（Note）。注释是一个小的文本框，可以放在转换流程图的任何位置。注释的主要目的是使转换文档化。

图 3-2 显示了一个转换例子，该例子从数据库表中读取数据并把数据写入到文本文件。

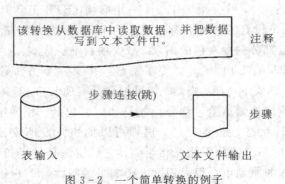

图 3-2　一个简单转换的例子

1）步骤

步骤是转换的基本组成部分，它以图标的方式展现。如图 3-2 中显示了两个步骤，"表输入"和"文本文件输出"。一个步骤有如下几个关键特性：

（1）步骤需要有一个名字，这个名字在转换范围内唯一。

（2）每个步骤都会读、写数据行（唯一例外是"生成记录"步骤，该步骤只写数据)。

（3）步骤将数据写到与之相连的一个或多个输出跳（outgoing hops），再传送到跳的另一端的步骤。对另一端步骤来说这个跳就是一个输入跳（incoming hops），步骤通过输入跳接收数据。

（4）大多数步骤都可以有多个输出跳。一个步骤的数据发送可以被设置为轮流发送或复制发送。轮流发送是将数据行依次发送每一个输出跳（这种方式也称为 round robin）；复制发送是将全部数据行发送给所有输出跳。

（5）在运行转换时，一个线程运行一个步骤和步骤的多份拷贝，所有步骤的线程几乎同时运行，数据行连续地流过步骤之间的跳。

除了上面这些标准的功能，每个步骤都有特定的功能，通过步骤类型来体现。如图 3-2 中"表输入"步骤就是向关系型数据库发出一个 SQL 查询，并将得到的数据行写到它的输出跳；另一方面"文本文件输出"步骤从它的输入跳读取数据行，并将数据行写到文本文件。

2）转换的跳

跳是步骤之间带箭头的连线，其定义了步骤之间的数据通路。跳实际上是两个步骤之间的被称为行集（row set）的数据行缓存（行集的大小可以在转换的设置里定义）。当行集满时，向行集写数据的步骤将停止写入，直到行集里又有了空间；当行集空时，从行集读取数据的步骤停止读取，直到行集里又有可读的数据行。

注意：当创建新跳时，跳在转换里不能循环。因为在转换里每个步骤都依赖于前一个步骤获取字段值。

3）并行

跳的这些基本行集缓存的规则允许每个步骤都由一个独立的线程运行，这样并行程度最高。这一规则也允许数据以最小消耗内存的数据流的方式来处理。在数据仓库里，经常要处理大量数据，所以这种并发低耗内存的方式也是 ETL 工具的核心需求。

对于 Kettle，不可能定义一个执行顺序，也没有必要确定一个起点和终点，因为所有步骤都以并发方式执行。当转换启动后，所有步骤都同时启动，从它们的输入跳中读取数据，并把处理过的数据写到输出跳，直到输入跳里不再有数据，就中止步骤的运行。当所有的步骤都中止时，整个转换也就中止。从功能的角度来看，转换也有明确的起点和终点。如图 3-2 里显示的转换起点就是"表输入"步骤（因为这个步骤生成数据行），终点就是"文本文件输出"步骤（因为这个步骤将数据写到文件，而且后面不再有其他节点）。

上面讲述的如何定义转换的起点和终点看上去有点矛盾。实际上，并没有这么复杂，只是因为看问题的角度不同。一方面，数据沿着转换里的步骤移动，而形成一条从头到尾的数据通道；而另一方面，转换里的步骤几乎是同时启动的，所以不可能判断出哪个步骤是第一个启动的步骤。

4）数据行

数据以数据行的形式沿着步骤移动。一个数据行是零到多个字段的集合，字段包括以下七种数据类型：

(1) String：字符类型数据。

(2) Number：双精度浮点数。

(3) Integer：带符号长整型（64 位）。

(4) BigNumber：任意精度数值。

(5) Date：带毫秒精度的日期时间值。

(6) Boolean：取值为 true 或 false 的布尔值。

(7) Binary：二进制字段可以包括图形、声音、视频及其他类型的二进制数据。

每个步骤在输出数据行时都有对字段的描述，这种描述就是数据行的元数据，通常包括以下信息：

(1) 名称：行里的字段名应该是唯一的。

(2) 数据类型：字段的数据类型。

(3) 长度：字符串的长度或 BigNumber 类型的长度。

(4) 精度：BigNumber 数据类型的十进制精度。

(5) 掩码：数据显示的格式（转换掩码）。如果要把数值型（Number、Integer、BigNumber）或日期类型的数据转换成字符串类型的数据就需要用到掩码。例如，在图形界面中预览数值型、日期型数据，或者把这些数据保存成文本或 XML 格式就需要用到掩码。

(6) 小数点：十进制数据的小数点格式。不同文化背景下小数点符号是不同的，一般是点（.）或逗号（,）。

(7) 分组符号：数值类型数据的分组符号，不同文化背景下数字里的分组符号也是不同的，一般是逗号（,）或点（.）或单引号（'）（注：分组符号是数字里的分割符号，便于阅读，如 123,456,789）。

(8) 初始步骤：Kettle 在元数据里记录了字段是由哪个步骤创建的，可以快速定位字段是由转换里的哪个步骤进行最后一次修改或创建的。

当设计转换时有以下三个数据类型规则需要注意。

(1) 行级里的所有行都应该有同样的数据结构。也就是说，当从多个步骤向一个步骤里写数据时，多个步骤输出的数据行应该有相同的结构，即字段相同、字段数据类型相同、字段顺序相同。

(2) 字段元数据不会在转换中发生变化。也就是说，字符串不会自动截去长度以适应指定的长度，浮点数也不会自动取整以适合指定的精度。这些功能必须通过一些指定的步骤来完成。

(3) 默认情况下，空字符串（" "）被认为与 NULL 相等。

注：空字符串与 NULL 是否相等，可以通过参数 KETTLE_EMPTY_STRING_DIFFERS_FROM_NULL 来设置。

5）数据转换

数据转换既可以采用显式地方式转换数据类型，如在"字段选择"步骤中直接选择要转换的数据类型；也可以采用隐式地方式转换数据类型，如将数值类型数据写入数据库中的 VARCHAR 类型字段。这两种形式的数据转换实际是完全一样的，都是使用了数据和对数据的描述。

（1）Date 和 String 的转换。Kettle 内部的 Date 类型里包括足够的信息，可以用这些信息来表现任何毫秒精度的日期、时间值。如果要在 String 和 Date 类型之间转换，唯一要指定的就是日期格式掩码。关于日期和时间的掩码格式可以参考 Java API 文档的"Data and Time Patterns"部分。

例如，表 3-1 显示了日期 2009 年 12 月 6 日 21 点 6 分 54 秒 321 毫秒的几个字符串日期编码的例子。

表 3-1　日期转换例子

转换掩码（格式）	结　果
yyyy/MM/dd ′T′ HH:mm:ss. SSS	2009/12/06 T 21:06:54.321
h:mm a	9:06 PM
HH:mm:ss	21:06:54
M-d-yy	12-6-09

（2）Numeric 和 String 的转换。Numeric 数据（包括 Number、Integer、BigNumber）和 String 类型之间的转换用到了以下四种字段的元数据。

① 转换掩码。

② 小数点符号。

③ 分组符号。

④ 货币符号。

这些转换掩码决定了一个文本格式的字符串如何转换为一个数值，而与数值本身的实际精度和舍入无关。Java API 中定义了所有可用的掩码符号和格式规则。表 3-2 显示了几个常用的例子。

表 3-2　几个数值转换掩码的例子

值	转换掩码	小数点符号	分组符号	结果
1234.5678	#,###.##	.	,	1,234.57
1234.5678	000,000,00000	,	.	001.234,56780
-1.9	#.00;-#.00	.	,	-1.9
1.9	#.00;-#.00	.	,	1.9
12	00000;-00000			00012

（3）其他转换。表3-3提供了其他几种数据类型转换的列表。

表3-3 其他数据类型转换

从	到	描 述
Boolean	String	转换为 Y 或 N，如果设置长度大于等于3，转换成 true 或 false
String	Boolean	字符串 Y、True、Yes、1 都转换为 true，其他字符串转换为 false(不区分大小写)
Integer	Date	整型和日期型之间转换时，整型就是从 1970-01-01 00:00：00 GMT 开始计算的毫秒值。例如 2010-0912 可以转换成 1284112800000，反之亦然
Date	Integer	

2. 作业

大多数 ETL 项目都需要完成各种各样的维护工作。例如，当运行中发生错误，要做哪些操作；如何传送文件；验证数据库表是否存在，等等。而且这些操作要按照一定顺序完成。因为转换以并行方式执行，就需要一个可以串行执行的作业来处理这些操作。

一个作业包括一个或多个作业项，这些作业项的作业执行顺序由作业项之间的跳(job hop)和每个作业项的执行结果决定。图3-3显示了一个典型的加载数据仓库的作业。

如同转换，作业里也可以包括注释。

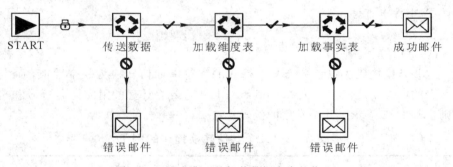

图3-3 一个典型的加载数据仓库的作业

1) 作业项

作业项是作业的基本构成部分。如同转换的步骤，作业项也可以使用图标的方式图形化展示。但是，作业项还是有一些地方不同于步骤。

（1）新步骤的名字应该是唯一的，但作业项可以有影子拷贝。这样可以把一个作业项放在多个不同的位置。这些影子拷贝里的信息都是相同的，编辑了一份拷贝，其他拷贝也会随之更改。

（2）在作业项之间可以传递一个结果对象(result object)。这个结果对象里包含了数据行，它们不是以流的方式来传递，而是等一个作业项执行完，再传递给下一个作业项。

（3）默认情况下，所有的作业项都是以串行方式执行；只是特殊情况下，以并行方式执行。

因为作业顺序执行作业项，所以必须定义一个起点。定义了"开始"作业项就定义了这个起点。一个作业只能定义一个开始作业项。

2）作业跳

作业的跳是作业项之间的连接线，它定义了作业的执行路径。作业里每个作业项的不同运行结果决定了作业的不同执行路径。对作业项的运行结果的判断如下：

（1）无条件执行：不论上一个作业项执行成功还是失败，下一个作业项都会执行。如图3-4所示，START按钮与作业A、C之间的连线上有一个锁图标。

（2）当运行结果为真时执行：当上一个作业项的执行结果为真时，执行下一个作业项。通常在需要无错误执行的情况下使用。如图3-3所示作业与作业之间的连线上有一个对勾号的图标。

（3）当运行结果为假时执行：当上一个作业项的执行结果为假或没有成功执行时，执行下一个作业项。如图3-3所示，作业与作业之间的连线上有一个红色停止图标。

在作业项连接（跳）的右键菜单上和跳的小图标的选项里都可以设置上面这三种判断方式。

3）多路径和回溯

Kettle使用一种回溯算法来执行作业里的所有作业项，而且作业项的运行结果（真或假）也决定执行路径。回溯算法是：假设执行了图里的一条路径的某个节点，要依次执行这个节点的所有子路径，直到没有可以执行的子路径，就返回该节点的上一节点，再反复这个过程，如图3-4所示。

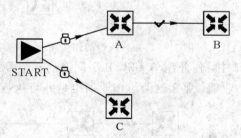

图3-4 使用回溯算法串行执行多个路径

图3-4里A、B、C三个作业项的执行顺序如下：
- 首先"START"作业项搜索所有下一个节点作业项，找到了"A"和"C"。
- 执行"A"。
- 搜索"A"后面的作业项，发现了"B"。
- 执行"B"。
- 搜索"B"后面的作业项，没有找到任何作业项。
- 回到"A"，也没有发现其他作业项。

- 回到 START，发现另一个要执行的作业项"C"。
- 执行"C"。
- 搜索"C"后面的作业项，没有找到任何作业项。
- 回到 START，没有找到任何作业项。
- 作业结束。

因为没有定义执行顺序，所以图 3-4 的例子执行顺序除了 ABC，还可以有 CAB。

这种回溯算法有两个重要特征：

（1）因为作业是可以嵌套的，除了作业项有运行结果，作业也需要一个运行结果，因为一个作业可以是另一个作业的作业项。一个作业的运行结果，来自于它最后一个执行的作业项。图 3-4 的例子里作业的执行顺序可以是 ABC，也可以是 CAB，所以不能保证作业项 C 的结果就是作业的结果。

（2）当在作业里创建了一个循环（作业里允许循环），一个作业项就会被执行多次，作业项的多次运行结果会保存在内存里，便于以后使用。

4）并行执行

有时候需要将作业项并行执行。一个作业项可以并发的方式执行它后面的所有作业项，如图 3-5 所示。

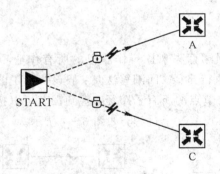

图 3-5 并行执行的作业项

在图 3-5 的例子中，作业项 A 和 C 几乎同时启动。需要注意的是，如果 A 和 C 是顺序的多个作业项，那么这两组作业项也是并行执行的，如图 3-6 所示。

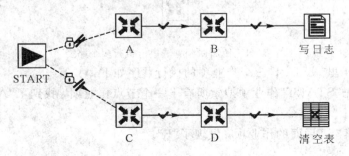

图 3-6 两组同时执行的作业项

在图 3-6 的例子中，作业项[A、B、写日志]和[C、D、清空表]是在两个线程里并行执行。通常设计者也是希望以这样的方式执行。但有时候，设计者希望一部分作业项并行执行，然后再串行执行其他作业项。这就需要把要并行的作业项放到一个新的作业里，然后作为另一个作业的作业项，如图3-7所示。

图3-7 并行加载作业作为另一个作业的作业项

5）作业项结果

作业执行结果不仅决定了作业的执行路径，而且还向下一个作业项传递了一个结果对象。结果对象包括了以下信息：

（1）一组数据行：在转换里使用"复制行到结果"步骤可以设置这组数据行。与之对应，使用"从结果获取行"步骤可以获取这组数据行。在一些作业项里，如"Shell脚本"、"转换"、"作业"的设置里有一个选项可以循环这组数据行，这样可以通过参数化来控制转换和作业。

（2）一组文件名：在作业项的执行过程中可以获取一些文件名（通过步骤的选项："添加到结果文件"）。这组文件名是所有与作业项发生过交互的文件名称。例如，一个转换读取和处理了10个XML文件，这些文件名就会保留在结果对象里。使用转换里的"从结果获取文件"步骤可以获取到这些文件名，除了文件名还能获取到文件类型。"一般"类型是指所有的输入输出文件，"日志"类型是指Kettle日志文件。

（3）读、写、输入、输出、更新、删除、拒绝的行数和转换里的错误数：表3-4详细说明了如何配置这些被传递的数据项。

（4）脚本作业项的退出状态：根据脚本执行后的状态码，判断脚本的运行状态，再执行不同的作业流程。

JavaScript作业项是一个功能强大的作业项，可以实现更高级的流程处理功能。表3-4列出了JavaScript中可用的对象和变量。

表3-4 JavaScript作业项中的表达式

表达式	数据类型	含　义
previous_result.getResult()	boolean	true：前一个作业项执行成功 false：前一个作业项执行错误
previous_result.getExitStatus()或exit_status	int	前一个脚本作业项的推出状态码
previous_result.getNrErrors或errors	long	错误个数
previous_result.getNrLinesInput()或lines_input	long	从文件或数据库里读到的行数，输入行数
previous_result.getNrLinesOutput()或lines_output	long	写到文件或数据库里的行数，输出行数

续表

表达式	数据类型	含 义
previous_result.getNrLinesRead()或 lines_read	long	从上一个步骤里读到的行数,读行数
previous_result.getNrLinesUpdated() 或 lines_updated	long	对文件或数据库更新的行数,更新行数
previous_result.getNrLinesWritten() 或 lines_written	long	写到下一个步骤里的行数,写行数
previous_result.getNrLinesDeleted() 或 lines_deleted	long	删除的行数
previous_result.getNrLinesRejected() 或 lines_rejected	long	发生错误被拒绝,并通过错误处理传给下一个步骤的行数
previous_result.getRows()	list	结果行数
previous_result.getResultFileList()	list	前面作业项里用到的所有文件列表
previous_result.getNrFileRetrieved() 或 files_retrieved	int	从 FTP、SFTP 等处获得的文件

在 JavaScript 作业项里,可以设置一些条件,这些条件的结果,可以决定最终执行哪条作业路径。

例如,可以统计在一个转换里被拒绝的总行数。如果总数超过 50,可以认为转换失败。脚本如下:

lines_rejected <= 50

3. 转换或作业的元数据

转换和作业是 Kettle 的核心组成部分。以前曾讨论过,它们可以用 XML 格式来表示,可以保存在资源库里;也可以用 Java API 的形式来表示。它们这些表示方式,都依赖于下面这些元数据。

(1)名字:转换或作业的名字,虽然名字不是必要的,但应该使用名字。不论是在一个 ETL 工程内还是在多个 ETL 工程内,都应尽可能使用唯一的名字。这样在远程执行时或多个 ETL 工程共用一个资源库时都会有帮助。

(2)文件名:转换或作业所在的文件名或 URL。只有当转换或作业是以 XML 文件的形式存储时,才需要设置这个属性;当从资源库加载时,不必设置这个属性。

(3)目录:这个目录是指在 Kettle 资源库里的目录,当转换或作业保存在资源库里时设置;当保存为 XML 文件时,不用设置。

(4)描述:这是一个可选属性,用来设置作业或转换的简短描述。如果使用了资源库,这个描述属性会出现在资源库浏览窗口的文件列表中。

(5)扩展描述:也是一个可选属性,用来设置作业或转换的详细描述信息。

4. 数据库连接

Kettle 里的转换和作业使用数据库连接来连接到关系型数据库。Kettle 数据库连接实际是数据库连接的描述，也就是建立实际连接需要的参数。而实际连接只在运行时建立。定义一个 Kettle 的数据库连接并不是真正打开一个到数据库的连接。

各个数据库的行为都不是完全相同的。所以，在图 3-8 的数据库连接窗口里有很多种数据库，而且数据库的种类还在增多。

在数据库连接窗口中主要设置以下三个选项：

① 连接名称：设定一个作业或转换范围内唯一的名称。

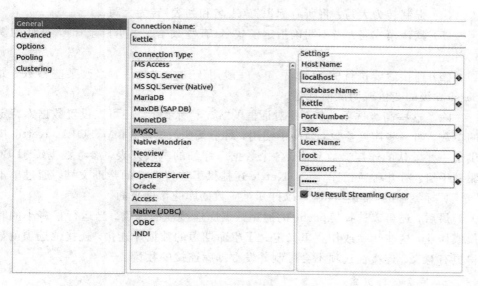

图 3-8　数据库连接窗口

② 连接类型：从数据库列表中选择要连接的数据库类型。选中数据库的类型不同，要设置的访问方式和连接参数设置也不同，某些 Kettle 步骤或作业项生成 SQL 语句时使用的方言也不同。

③ 访问方式：在列表里可以选择可用的访问方式，一般都使用 JDBC 连接。不过也可以使用 ODBC 数据源、JNDI 数据源、Oracle 的 OCI 连接（使用 Oracle 命名服务）。

根据选择的数据库不同，右侧面板的连接参数设置也不同。一般常用的连接参数如下：

① 主机名：数据库服务器的主机名或 IP 地址。

② 数据库名：要访问的数据库名。

③ 端口号：默认是选中的数据库服务器的默认端口号。

④ 用户名和密码：数据库服务器的用户名和密码。

1）特殊选项

对大多数用户来说，使用数据库连接窗口的"一般"标签就足够了。但偶尔也需要设置对话框里"高级"标签的内容。

（1）支持 Boolean 数据类型：Boolean 数据类型。大多数数据库的处理方式不相同，即使同一个数据库的不同版本也有不同。许多数据库根本不支持 Boolean

类型。所以默认情况下，Kettle 使用一个字段的字段（char(1)）不同值（Y 或 N）来代替 Boolean 字段。如果选中了这个选项，Kettle 就会为支持 Boolean 类型的数据库生成正确的 SQL 方言。

（2）双引号分割标识符：强迫 SQL 语句里的所有标识符（列名、表名）加双引号，一般用于区分大小写的数据库，或者用于处理 Kettle 里定义的关键字列表和实际数据库不一致的问题。

（3）强制转为小写：将所有标识符（表名和列表）转为小写。

（4）强制转为大写：将所有标识符（表名和列表）转为大写。

（5）默认模式名：当不明确指定模式名（有些数据库里叫目录）时，默认的模式名。

（6）连接后要执行的 SQL 语句：一般用于建立连接后，修改某些参数，如 Session 级的变量或调试信息等。

除了这些高级选项，在连接对话框的"选项"标签下，还可以设置数据库特定的参数，如一些连接参数。为便于使用，对于某些数据库（如 MySQL），Kettle 提供了一些默认的连接参数和值。各个数据库详细的参数列表，参考数据库 JDBC 驱动手册。有几种数据库类型，Kettle 还提供了连接参数的帮助文档，通过单击"选项"标签中的"帮助"按钮可以打开对应数据库的帮助页面。

最后，还可以选择 Apache 的通用数据库连接池的选项。当运行很多小的转换或作业，这些转换或作业里又定义了生命期短的数据库连接，连接池选项就显得更有意义。连接池选项不会限制并发数据库连接的数量。

2）关系型数据库

关系型数据库是一种高级软件，它在数据连接、合并、排序等方面有着突出的优势。和基于流的数据处理引擎相比，它有一大优点是数据库使用的数据都存储在磁盘中。当关系型数据库进行连接或排序操作时，只要使用这些数据的引用即可，而不用把这些数据加载到内存里，这就体现出明显的性能优势。但缺点也很明显，把数据加载到关系型数据库里会产生性能的瓶颈。

对 ETL 开发者而言，要尽可能利用数据库自身的性能优势，来完成连接或排序这样的操作。如果不能在数据库里进行连接这样的操作（如数据来源不同），也应该先在数据库里排序，以便在 ETL 里做连接操作。

3）连接和事务

数据库连接只在执行作业或转换时使用。在作业里，每一个作业项都需要打开一个独立的数据库连接，作业完成后关闭连接。转换也是如此。但是因为转换里的步骤是并行执行的，每个步骤都打开一个独立的数据库连接并开始一个事务。尽管这样在很多情况下会提高性能，但当不同步骤更新同一个表时，也会带来数据表死锁和数据不一致的问题。

为解决打开多个连接而产生的问题，Kettle 可以在一个事务中完成转换。转换设置对话框的选项"转换放在数据库事务中"，可以完成此功能。当选中了这个选项，所有步骤里的数据库连接都使用同一个数据库连接。只有所有步骤都正确，转换正确执行，才提交事务，否则回滚事务。

4）数据库集群

当一个大数据库不能满足需求时，就会考虑用很多小的数据库来处理数据。通常可以使用数据库分区或数据库分片技术来分散数据加载。这种方式可以将一个大数据集分为几个数据组成为分区（或分片），每个分区都保存在独立的数据库实例里。这种方式的优点显而易见，可以大幅度减少每个表或数据库实例的行数。所有分片的组合就是数据库集群。

一般采用标识符计算余数的方式来决定分片的数据保存到哪个数据库实例里。除此之外，Kettle 里还有其他几种分区方法。

上面说的分区计算方式得到的分区标识是一组 0 到"分区数－1"之间的数字，可以在数据库连接对话框的"集群"标签下设置分区数。例如，定义五个数据库连接作为集群里的五个数据分片。可以在"表输入"步骤里执行一个查询，这个查询就以分区的方式执行，如图 3-9 所示。

表输入

图 3-9　数据库集群的表输入

在图 3-9 中，同样的一个查询会被执行五遍，每个数据分区执行一遍。在 Kettle 里，所有使用数据库连接的步骤都可以使用分区的特性。例如，表输出步骤在分区模式下会把不同的数据行输出到不同的数据分区（片）。

5. 工具

Kettle 里有不同工具，用于 ETL 的不同阶段。主要工具如下：

（1）Spoon：图形界面工具，快速设计和维护复杂的 ETL 工作流。

（2）Kitchen：运行作业的命令行工具。

（3）Pan：运行转换的命令行工具。

（4）Carte：轻量级的（大概 1MB）Web 服务器，用来远程执行转换或作业。一个运行有 Carte 进程的机器可以作为从服务器，从服务器是 Kettle 集群的一部分。

6. 资源库

当 ETL 项目规模比较大，需要很多 ETL 开发人员一起工作，开发人员之间的合作就显得非常重要。Kettle 以插件的方式灵活地定义不同种类的资源库。无论是哪种资源库，它们的基本要素都相同，即这些资源库都使用相同的用户界面、存储相同的元数据。目前有三种常见资源库：数据库资源库、Pentaho 资源库和文件资源库。

（1）数据库资源库：数据库资源库把所有的 ETL 信息保存在关系型数据库

中,这种资源库比较容易创建,只要新建一个数据库连接即可。可以使用"数据库资源库"对话框来创建资源库里的表和索引。

(2) Pentaho 资源库:Pentaho 资源库是一个插件,在 Kettle 的企业版中有这个插件。这种资源库实际是一个内容管理系统(CMS),它具备一个理想的资源库的所有特性,包括版本控制和依赖完整性检查。

(3) 文件资源库:文件资源库是在一个文件目录下定义一个资源库。因为 Kettle 使用的是虚拟文件系统(Apache VFS),所以这里的文件目录是一个广泛的概念,包括了 Zip 文件、Web 服务、FTP 服务等。

无论哪种资源库都应该具有以下特性:

(1) 中央存储:在一个中心位置存储所有的转换和作业。ETL 用户可以访问到工程的最新视图。

(2) 文件加锁:防止多个用户同时修改。

(3) 修订管理:一个理想的资源库可以存储一个转换或作业的所有历史版本,以便将来参考。可以打开历史版本,并查看变更日志。

(4) 依赖完整性检查:检查资源库转换或作业之间的相互依赖关系,可以确保资源库里没有丢失任何链接,没有丢失任何转换、作业或数据库连接。

(5) 安全性:安全性可以防止未授权的用户修改或执行 ETL 作业。

(6) 引用:重新组织转换、作业,或简单重新命名,都是 ETL 开发人员的常见工作。要做好这些工作,需要完整的转换或作业的引用。

3.1.4 Kettle 应用场景

本节简单概括了 Kettle 的几种具体应用场景,按网络环境划分主要包括如下三种模式。

1. 表视图模式

我们经常遇到这种情况,在同一网络环境下,对各种数据源的表数据进行抽取、过滤、清洗等。例如,历史数据同步、异构系统数据交互、数据对称发布或备份等都归属于这个模式。传统的实现方式一般都要进行研发,例如:两个相同表结构的数据表之间实现数据同步功能,涉及很多复杂业务逻辑,研发出的功能存在诸多问题。

2. 前置机模式

前置机模式是一种典型的数据交换应用场景,数据交换的双方 A 和 B 网络不通,但是 A 和 B 都可以和前置机 C 连接。一般情况是双方约定好前置机的数据结构,这个结构跟 A 和 B 的数据结构基本上是不一致的,这样就需要把应用上的数据按照数据标准推送到前置机上,这个研发工作量还是比较大的。

3. 文件模式

数据交互的双方 A 和 B 是完全的物理隔离,这样就只能通过文件的方式来进行数据交互,例如 XML 格式。在应用 A 中开发一个接口用来生成标准格式的 XML,然后用 U 盘或别的介质在某一时间把 XML 数据拷贝之后接入到应用 B

上，应用 B 上再按照标准接口解析相应的文件把数据接收过来。

综上，如果我们都用传统的模式无疑工作量是巨大的，那么怎么做才能更高效、更省时又不容易出错呢? 答案是 Kettle。

3.2 Kettle 安装与配置

本节详细讲解安装和运行 Kettle 的步骤，包括 Java 环境配置、Kettle 安装与配置、Kettle 运行方式。

3.2.1 配置 Java 环境

Kettle 是一个 Java 程序，需要配置 Java 运行环境。你可能已经安装了 Java，但为了 Kettle 安装的完整性，本节还会介绍 Java 的安装。

如果只是运行 Kettle，推荐使用 Oracle 的 Java Runtime Environment (JRE)，版本 1.8。如果要从源代码编译 Kettle 插件，需要用 Oracle Java Development Kit(JDK)1.8。

注意:也可以使用其他厂商的 JRE 或 JDK，但是本书中的例子都是在 Oracle JDK1.8 下开发和测试的。

如果使用的是一个比较流行的 Linux 版本，如 Debian(或与之兼容的，如 Ubuntu)、RedHat(或与之兼容的 Fedora、CentOS)、SUSE/openSUE，可以使用 Linux 的包管理系统来安装 Java 运行环境。

例如:在 Ubuntu 下(此次安装选用的是 Ubuntu16.04 版本)，安装 Java 非常方便，使用包管理器直接搜索 sun－java8－jre 或 sun－java8－jdk，选中，单击安装就可以。也可以使用命令行，如 apt－get。

```
sudo apt update ＃更新库缓存
sudo apt install openjdk－8－jdk ＃安装 jdk
sudo apt－f install ＃修复依赖与覆盖问题，完成安装
```

(注意:其中第二条命令可能会出错。不要担心，只要执行完第三条后就会成功。)

最后使用 java－version 命令验证 Jave 是否安装成功。

```
java － version
openjdk version"1.8.0_181"
OpenJDK Runtime Environment (build 1.8.0_181－b13－0ubuntu0.16.04.1－b13)
OpenJDK 64－Bit Server VM (build 25.181－b13, mixed mode)
```

如果操作系统不提供包管理功能，或者包管理功能不提供需要的 Java 版本，请前往 Oracle 官方网站手动下载并安装。

3.2.2 安装 Kettle

Spoon 是一个图形用户界面，允许运行转换或者任务，其中转换是用 Pan 工具运行，任务是用 Kitchen 运行。Pan 是一个数据转换引擎，它可以执行很多功能，例如:从不同的数据源读取、操作和写入数据。Kitchen 是一个可以运行利

用 XML 或数据资源库描述的任务。通常任务是在规定的时间间隔内用批处理的模式自动运行。

1. 下载 Kettle 安装包

打开 Kettle 官网 http://kettle.pentaho.org/，下载最新稳定版 Kettle 压缩包，本书下载的 Kettle 版本号是 7.1。点击图 3-10 中的链接开始下载 Kettle。下载成功的 Kettle 安装包如图 3-11 所示，文件大小接近 900 M，文件默认保存路径为"～/Downloads"或"～/soft"。

注意：此次安装路径是"/soft/"文件夹，需要用户自行创建，并且安装下载至其中。

Downloads

Data Integration 7.1

Pentaho's Data Integration, also known as Kettle, delivers powerful extraction, transformation, and loading (ETL) capabilities.

7.1 Stable⍈

Change Log⍈
Older versions⍈

图 3-10　Kettle 下载包

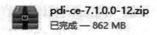

pdi-ce-7.1.0.0-12.zip
已完成 — 862 MB

图 3-11　安装包下载成功

由于 Kettle 需要安装在 Ubuntu 16.04 平台下，推荐大家采用下面这种方式。

```
wget https://sourceforge.net/projects/pentaho/files/Data%20Integration/7.1/pdi-ce-7.1.0.0-12.zip/download
```

2. 新建文件/soft

为了把 Kettle 安装在目录"/soft/"下，先新建文件夹，并修改属主权限，以便当前用户可以操作该文件夹（在本书演示操作系统时，用户为 Ubuntu）。运行命令如下：

```
mkdir /soft/                          ＃在根目录下创建 soft 文件夹
sudo chown ubuntu:ubuntu /soft/       ＃普通用户不具备操作根目录下文件，赋予权限
sudo chmod 777 /soft/                 ＃赋予 soft 文件夹读、写、执行的操作
```

3. 解压缩 Zip 包

将 pdi-ce-7.1.0.0-12.Zip 包使用 cp -a 命令或 mv 命令复制或移动到"/soft"文件夹下。

同时用如下命令解压下载好的 Zip 包。

```
unzip pdi-ce-7.1.0.0-12.zip        ＃解压安装包
mv pdi-ce-7.1.0.0-12  kettle       ＃将解压后的文件更名为 Kettle 文件
```

4. 启动 Kettle

在启动 Kettle 之前，需要下载与安装一个 libwebkitgtk—1.0 包，否则打开

后会报错，导致程序无法正常使用。使用 apt_get 命令安装 libwebkitgtk－1.0－0
命令如下。具体安装过程如图 3－12 所示。

　　　sudo apt－get install libwebkitgtk－1.0－0

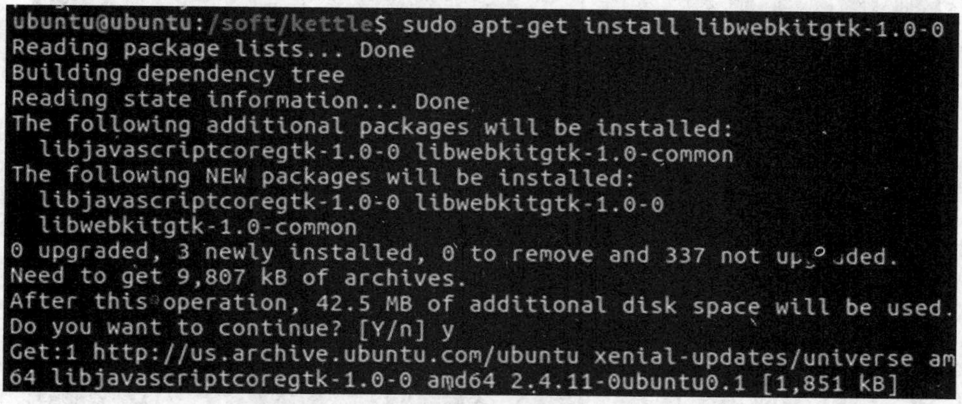

图 3－12　下载与安装 libwebkitgtk－1.0 插件

　　　　Kettle 的安装目录"/soft/kettle"下的文件夹里包含两个 Kettle 工具启
动脚本命令：spoon. bat 和 spoon. sh。其中 spoon. bat 适用于 Windows 系统，通
过双击". bat"文件来启动图形化界面；而 spoon. sh 适用于 Linux 系统，通过在
终端执行如下命令来启动图形化界面，详细执行过程如图 3－13 所示。

　　　. /spoon. sh　　＃执行脚本

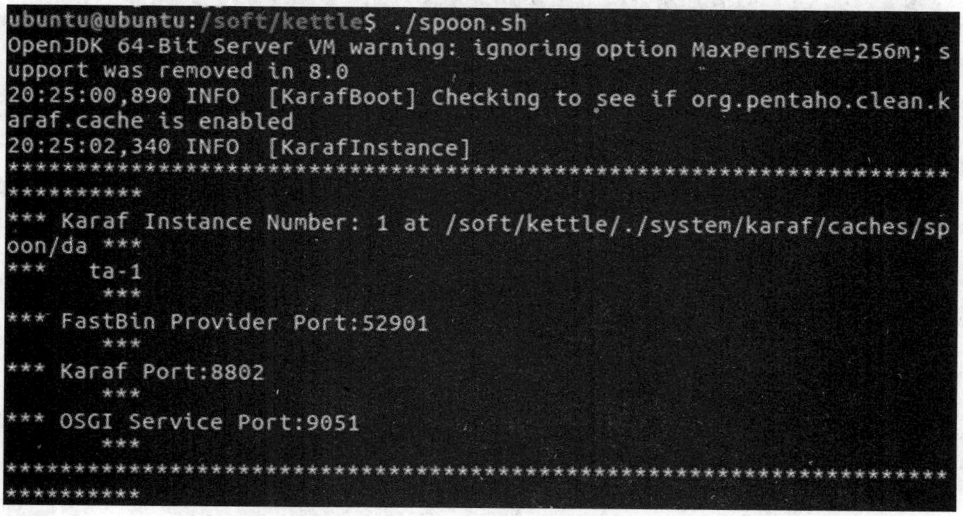

图 3－13　spoon. sh 脚本执行

　　在执行脚本的同时，图形界面会被激活，与命令一同执行，最终打开图形界
面 Spoon，如图 3－14 所示。

图 3 - 14　Spoon 界面和命令同时进行

5. Kettle 安装成功

到这里 Kettle 的安装和配置全部完成，如图 3 - 15 所示。

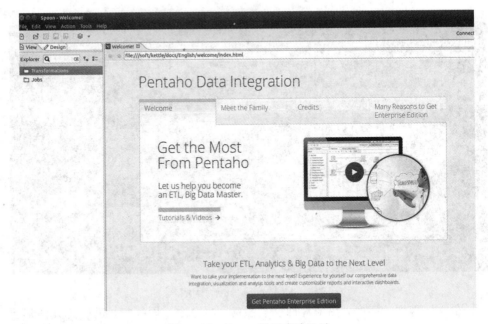

图 3 - 15　Spoon 界面成功显示

3.2.3　安装 MySQL

Kettle 是需要连接数据库的。在 Ubuntu 系统下（此次安装选用的是Ubuntu

16.04 版本)，安装 MySQL 非常方便，可以使用命令行，如 apt - get。

```
sudo apt - get install mysql - server ＃安装 MySQL
```

然后输入 root 用户的 MySQL 密码，如图 3 - 16 所示。

ubuntu@node1: ~
Package configuration
Configuring mysql-server-5.7
While not mandatory, it is highly recommended that you set a password
for the MySQL administrative "root" user.
If this field is left blank, the password will not be changed.
New password for the MySQL "root" user:
<Ok>

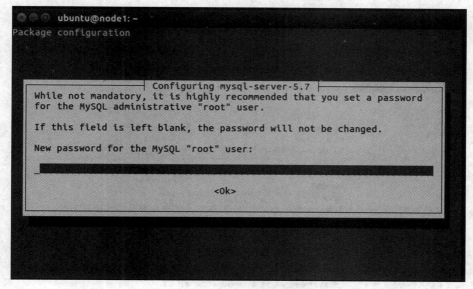

图 3 - 16　MySQL 密码输入界面

最后使用 mysql - uroot - p 查看是否安装成功，如图 3 - 17 所示。

```
mysql - uroot - p　＃查看 MySQL 是否安装成功
```

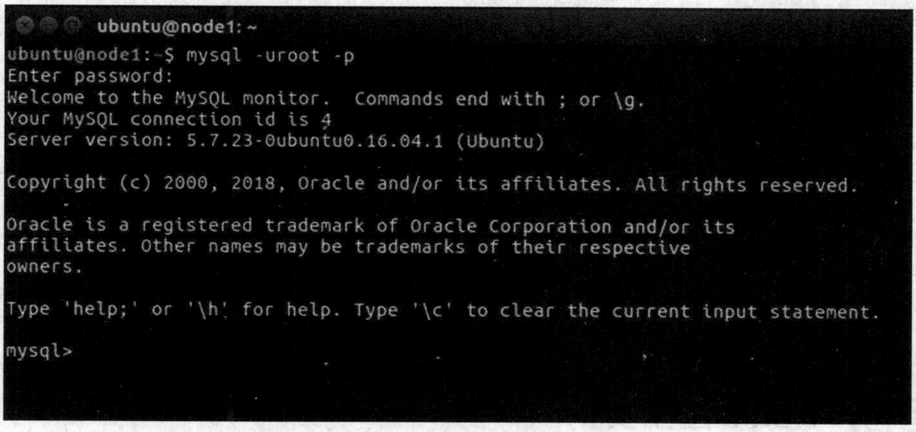

ubuntu@node1: ~
ubuntu@node1:~$ mysql -uroot -p
Enter password:
Welcome to the MySQL monitor. Commands end with ; or \g.
Your MySQL connection id is 4
Server version: 5.7.23-0ubuntu0.16.04.1 (Ubuntu)
Copyright (c) 2000, 2018, Oracle and/or its affiliates. All rights reserved.
Oracle is a registered trademark of Oracle Corporation and/or its
affiliates. Other names may be trademarks of their respective
owners.
Type 'help;' or '\h' for help. Type '\c' to clear the current input statement.
mysql>

图 3 - 17　MySQL 验证界面

Kettle 如果要连接 MySQL，需要下载 MySQL 驱动包，不然会报错，如图 3 - 18 所示。

Driver class 'sun.jdbc.odbc.JdbcOdbcDriver' could not be found, make sure the sun.jdbc.odbc.JdbcOdbcDriver

图 3 - 18　Kettle 连接 MySQL 报错

Kettle 连接 MySQL 报错后的解决方法：安装 MySQL 驱动。

（1）MySQL 官网下载对应驱动。

https://dev.mysql.com/downloads/file/?id=468318%20

（2）将驱动放在如下位置：

\pdi-ce-7.1.0.0-12\data-integration\lib

\pdi-ce-7.1.0.0-12\data-integration\libswt\win64（64位系统）

（3）Kettle 连接 MySQL 成功，如图 3-19 和图 3-20 所示。

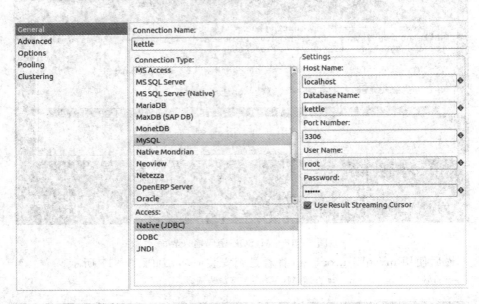

图 3-19　Kettle 连接 MySQL 信息

图 3-20　Kettle 连接 MySQL 测试

3.3　Kettle 应用实例

本节详细介绍三个 Kettle 应用实例，分别是数据表记录去重、数据表记录过滤和数据表记录聚合，通过不同的实例演示，诠释了 Kettle 的多种用法。

3.3.1　数据表记录去重

（1）准备一个包含重复记录的数据库表 ods_carinfo，包含两个字段 hphm 和 clpp1，分别表示号牌号码和车辆类型。它们的数据库表字段定义如图 3-21 所示。

字段	索引	外键	唯一键	检查	排除	规则	触发器	选项	注释	SQL 预览

名	类型	长度	小数点	不是 null	键	注释
▶ hphm	varchar	255	0	☐		号牌号码
clpp1	varchar	255	0	☐		车辆类型

图 3 - 21　数据库表字段定义

（2）查看表中记录，可以看到有重复的车辆类型，如图 3 - 22 所示。

📋 开始事务	📄 文本 ▾	🔻 筛选

hphm	clpp1
▶ 5K5646	金杯牌
5B3644	福特牌
56343P	长安牌
5364B6	福田牌
55K336	奥迪牌
5D3433	大众汽车牌
53336P	比亚迪牌
5366D3	解放牌
5336D6	斯卡特牌
5336B6	王牌牌
534K63	别克牌
543R66	东南牌
566R34	大众牌
536K33	福特牌
5F333U	北京现代牌
56BP66	别克牌
53463H	大众汽车牌
56G566	福克斯牌
566K36	别克牌
564K63	东风日产牌
5K6433	豪剑牌
5L6633	三鑫牌
536K33	大众牌
544R46	飞度牌
543R66	奇瑞牌
566R33	途锐
534K66	大众汽车牌

图 3 - 22　数据库表记录信息

（3）找到 Kettle 的安装目录，如图 3 - 23 所示，在该目录中双击 Spoon. bat 进入平台 Kettle 模块。

Encr.bat	2018/6/12 14:35	Windows 批处理...	1 KB
encr.sh	2018/6/12 14:35	Shell Script	1 KB
Import.bat	2018/6/12 14:35	Windows 批处理...	1 KB
import.sh	2018/6/12 14:35	Shell Script	1 KB
import-rules.xml	2018/6/12 14:35	XML 文档	3 KB
Kitchen.bat	2018/6/12 14:35	Windows 批处理...	1 KB
kitchen.sh	2018/6/12 14:35	Shell Script	1 KB
LICENSE.txt	2018/6/12 14:35	文本文档	14 KB
Pan.bat	2018/6/12 14:36	Windows 批处理...	1 KB
pan.sh	2018/6/12 14:36	Shell Script	1 KB
PentahoDataIntegration_OSS_License...	2018/6/12 14:36	Chrome HTML D...	9,114 KB
purge-utility.bat	2018/6/12 14:37	Windows 批处理...	1 KB
purge-utility.sh	2018/6/12 14:37	Shell Script	1 KB
README.txt	2018/6/12 14:37	文本文档	2 KB
runSamples.bat	2018/6/12 14:37	Windows 批处理...	1 KB
runSamples.sh	2018/6/12 14:37	Shell Script	1 KB
set-pentaho-env.bat	2018/6/12 14:37	Windows 批处理...	5 KB
set-pentaho-env.sh	2018/6/12 14:37	Shell Script	4 KB
Spoon.bat	2018/6/12 14:37	Windows 批处理...	4 KB
spoon.comma	2018/6/12 14:37	COMMAND 文件	1 KB
spoon.ico	2018/6/12 14:37	图标	362 KB
spoon.png	2018/6/12 14:37	PNG 文件	2 KB
spoon.sh	2018/6/12 14:37	Shell Script	7 KB
SpoonConsole.bat	2018/6/12 14:37	Windows 批处理...	1 KB
SpoonDebug.bat	2018/6/12 14:37	Windows 批处理...	2 KB
SpoonDebug.sh	2018/6/12 14:37	Shell Script	2 KB
yarn.sh	2018/6/12 14:39	Shell Script	2 KB

类型: Windows 批处理文件
大小: 3.87 KB
修改日期: 2018/6/12 14:37

图 3-23　Spoon.bat 运行图标

（4）如图 3-24 所示，本步骤包含如下五部分工作：a）配置数据库连接字符串；b）拖动表输入图标，选择输入表；c）将 clpp1 字段进行 MD5 运算，得到 MD5 值；d）对 MD5 值进行排序、去重；e）将数据输出到 base_carinfo 表中。

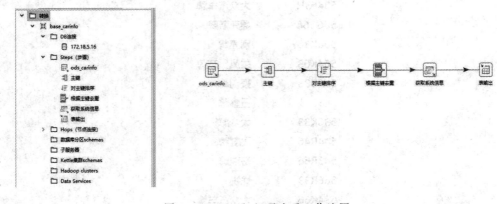

图 3-24　Kettle 记录去重工作流图

（5）点击"运行"按钮，查看输出表 base_carinfo，可见表的记录从 712772 条去重后只有 2824 条，如图 3-25 所示。

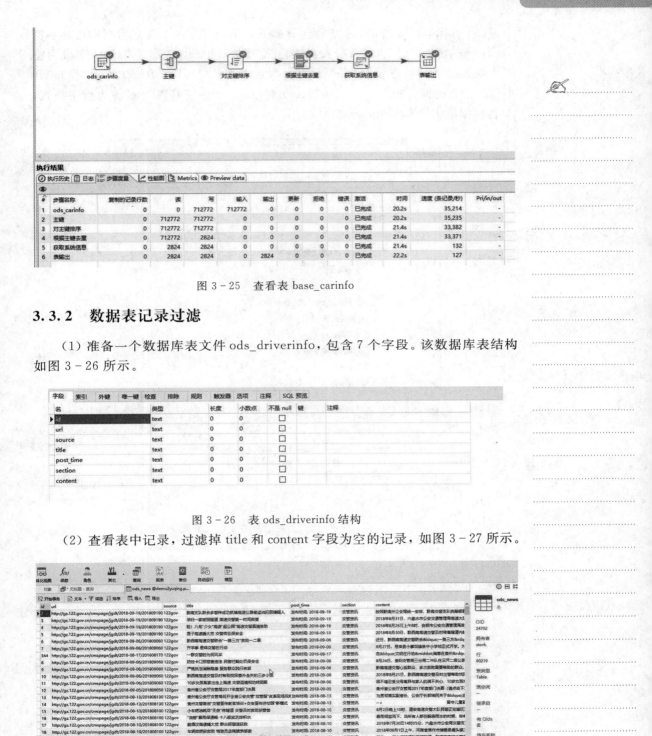

图 3-25　查看表 base_carinfo

3.3.2　数据表记录过滤

（1）准备一个数据库表文件 ods_driverinfo，包含 7 个字段。该数据库表结构如图 3-26 所示。

图 3-26　表 ods_driverinfo 结构

（2）查看表中记录，过滤掉 title 和 content 字段为空的记录，如图 3-27 所示。

图 3-27　查看 ods_driverinfo 记录

（3）如图 3 - 28 所示，本步骤包含如下六部分工作：a）配置数据库连接字符串；b）拖动表输入图标，选择输入表；c）过滤 content 字段或者 title 字段为空值的脏数据；d）检查 post_time 是否为数字格式（如"2018 - 10 - 01"）或"发布"开头（如"发布时间：2018 - 10 - 30"）；e）将 post_time 字段统一过滤为数字格式；f）将数据输出到 base_news 表中。

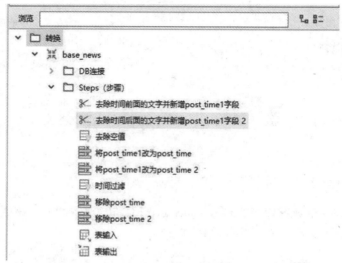

图 3 - 28　Kettle 记录过滤工作流图

（4）运行 Kettle 工作流图，并检查执行结果，如图 3 - 29 所示。

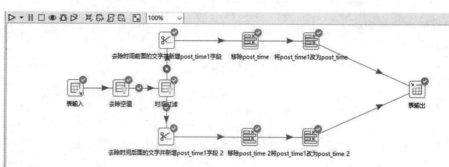

图 3 - 29　查看 Kettle 工作流图执行结果

3.3.3 数据表记录聚合

（1）准备一个数据库表文件 ods_driverinfo，包含 8 个字段。该数据库表结构如图 3-30 所示。

名	类型	长度	小数点	不是 null	键	注释
▶ drviverinfoid	varchar	255	0	☐		事故当事人信息ID
sex	varchar	255	0	☐		当事人性别 1男0女
pl5tenumber	varchar	255	0	☐		事故车辆号牌号码
carmodels	varchar	255	0	☐		车辆类型
carcolor	varchar	255	0	☐		车辆颜色
createtime	varchar	255	0	☐		事故发生时间
birth	varchar	255	0	☐		当事人出生年月
jxmc	varchar	255	0	☐		毕业驾校名称

图 3-30 数据库表 ods_driverinfo 结构

（2）查看数据库表 ods_driverinfo 记录信息，其结果如图 3-31 所示。

drviverinfoid	sex	pl5tenumber	carmodels	carcolor	createtime	birth	jxmc
96	1	CG6663	小型汽车	黄色	2015/2/2 16:53	xxxxxx196306	自培
96	1	CG6663	小型汽车	黄色	2015/2/2 16:53	xxxxxx196306	自培
100	1	5BU643	小型	灰	2015/2/2 16:54	xxxxxx197908	自培
100	1	5BU643	小型	灰	2015/2/2 16:54	xxxxxx197908	黔丰驾校（花溪区）
100	1	5BU643	小型	灰	2015/2/2 16:54	xxxxxx197908	（花溪区）顺风驾驶培训有限公司
100	1	5BU643	小型	灰	2015/2/2 16:54	xxxxxx197908	顺风驾校（花溪区）
100	1	5BU643	小型	灰	2015/2/2 16:54	xxxxxx197908	黔丰驾校（花溪区）
100	1	5BU643	小型	灰	2015/2/2 16:54	xxxxxx197908	自培
100	1	5BU643	小型	灰	2015/2/2 16:54	xxxxxx197908	自培
103	1	533566	小型桥车	白色	2015/2/2 16:57	xxxxxx195804	贵州省长安驾驶培训学校
▶ 103	1	533566	小型桥车	白色	2015/2/2 16:57	xxxxxx195804	蓝天驾校（观山湖区）
185	1	55464L	小型车	白色	2015/2/3 16:24	xxxxxx196411	自培
185	1	55464L	小型车	白色	2015/2/3 16:24	xxxxxx196411	自培
185	1	55464L	小型车	白色	2015/2/3 16:24	xxxxxx196411	自培
185	1	55464L	小型车	白色	2015/2/3 16:24	xxxxxx196411	自培
187	1	55464L	小型车	白色	2015/2/3 16:25	xxxxxx196411	自培
187	1	55464L	小型车	白色	2015/2/3 16:25	xxxxxx196411	自培
187	1	55464L	小型车	白色	2015/2/3 16:25	xxxxxx196411	自培
187	1	55464L	小型车	白色	2015/2/3 16:25	xxxxxx196411	自培
194	1	J5Z666	微型车	白色	2015/2/3 16:31	xxxxxx199410	窗交校
194	1	J5Z666	微型车	白色	2015/2/3 16:31	xxxxxx199410	诚信驾校（观山湖区）

图 3-31 查看数据库表 ods_driverinfo 记录

（3）如图 3-32 所示，本步骤包含如下七部分工作：a）配置数据库连接字符串；b）拖动表输入图标，选择输入表；c）对 driverinfoid、jxmc、pl5tenumber 进行 MD5 算法，得出 MD5 值；d）对 MD5 值进行排序、去除重复、去除空的 MD5 值；e）对 pl5tenumber 车牌号进行过滤；f）剪切过滤后的 pl5tenumber 车牌号字符串；g）将数据输出到 tmp_base_drviverinfo 表中。

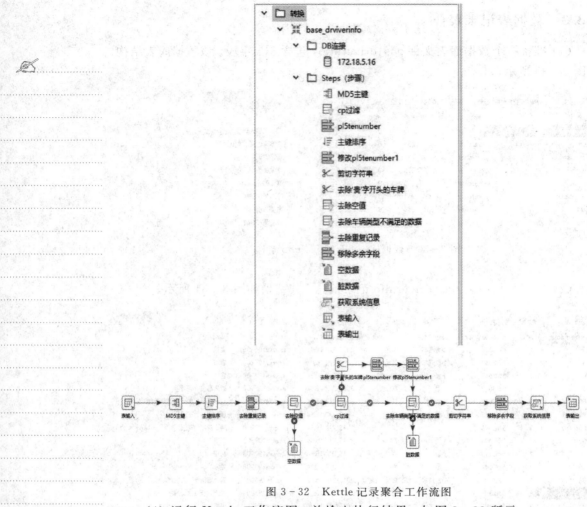

图 3-32　Kettle 记录聚合工作流图

（4）运行 Kettle 工作流图，并检查执行结果，如图 3-33 所示。

执行结果

执行历史 | 日志 | 步骤度量 | 性能图 | Metrics | Preview data

#	步骤名称	复制的记录行数	读	写	输入	输出	更新	拒绝	错误	激活	时间	速度（条记录/秒）	Pri/in/out
1	表输入	0	0	64100	64100	0	0	0	0	已完成	7.6s	8,398	-
2	MD5主键	0	64100	64100	0	0	0	0	0	已完成	7.6s	8,408	-
3	主键排序	0	64100	64100	0	0	0	0	0	已完成	7.8s	8,217	-
4	去除重复记录	0	64100	29915	0	0	0	0	0	已完成	7.8s	8,210	-
5	去除空值	0	29915	29915	0	0	0	0	0	已完成	7.9s	3,771	-
6	cp过滤	0	29915	29915	0	0	0	0	0	已完成	8.1s	3,713	-
7	去除'袁'字开头的车牌	0	82	82	0	0	0	0	0	已完成	8.1s	10	-
8	pl5tenumber	0	82	82	0	0	0	0	0	已完成	8.1s	10	-
9	空数据	0	0	0	0	0	0	0	0	已完成	7.9s	0	-
10	修改pl5tenumber1	0	82	82	0	0	0	0	0	已完成	8.1s	10	-
11	去除车辆类型不满足的数据	0	29915	29915	0	0	0	0	0	已完成	8.1s	3,703	-
12	剪切字符串	0	29915	29915	0	0	0	0	0	已完成	8.1s	3,701	-
13	移除多余字段	0	29915	29915	0	0	0	0	0	已完成	10.4s	2,876	-
14	获取系统信息	0	29915	29915	0	0	0	0	0	已完成	12.9s	2,319	-
15	表输出	0	29915	29915	0	29915	0	0	0	已完成	15.8s	1,898	-
16	脏数据	0	0	0	0	0	0	0	0	已完成	8.1s	0	-

图 3-33　查看 Kettle 工作流图执行结果

本章小结

本章介绍了 Kettle 设计中需注意的问题和 Kettle 的组成模块，并详细讲解了如何安装 Kettle 和配置管理应用环境。最后，结合三个具体案例分析了 Kettle 在数据抽取、数据合并、数据清洗方面的应用，具体体现在数据表记录去重、数据表记录过滤和数据表记录聚合三大方面。

课后作业

一、名词解释

1. 什么是 Spoon？

2. 什么是 Kettle 中的转换？

3. 什么是多路径和回溯？

二、简答题

1. 简述 Kettle 常用的工具。

2. Kettle 的设计原则有哪些？

3. 简述 Kettle 在作业时的步骤。

4. 在 ETL 过程中四个基本过程分别是什么？

5. 简述实时 ETL 的一些难点及其解决方法。

第 4 章

大数据日志采集技术——Logstash

◆ 学习目标

了解 Logstash 的特性；
掌握 Logstash 的工作原理；
掌握 Logstash 的安装与部署；
掌握 Logstash 的应用。

◆ 本章重点

Logstash 概念及特性；
Logstash 工作原理；
Logstash 安装与部署；
Logstash 应用实践。

本章首先从 Logstash 的概念出发，系统地阐述了 Logstash 的特点、基本结构、工作流程；其次，详细讲解了 Logstash 安装与部署的整个流程，并对 Logstash 的配置文件做了深入解析；最后，结合三个具体实例讲解了 Logstash 在大数据日志采集方面的应用。

4.1 Logstash 概述

Logstash 是一个开源的数据收集引擎，具有实时管道功能。Logstash 可以动态地将来自不同数据源的数据统一起来，并将数据标准化到所选择的目的地。

4.1.1　Logstash 概念

Logstash 是一个接收、处理、转发日志的工具。其支持系统日志、Web 服务器日志、错误日志、应用日志等多种日志类型。在一个典型的使用场景下：ElasticSearch作为后台数据的存储，Kibana 用于前端的报表展示，Logstash 在其过程中担任搬运工的角色，它为数据存储、报表查询和日志解析创建了一个功能强大的管道链。Logstash 提供了 Input、Filter、Codecs 和 Output 等组件，让使用者轻松实现强大的功能。

Logstash 常用在日志关系系统，作为日志采集设备。Logstash 的工作模式如图 4-1 所示。

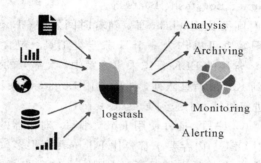

图 4-1　Logstash 的工作模式

4.1.2　Logstash 工作原理

Logstash 将数据流中的每一条数据称之为一个事件。Logstash 的事件处理流水线由三个主要角色完成：Input→Filter→Output(输入→过滤→输出)，每个阶段都由很多插件配合工作，比如 File(文件过滤器)、Elasticsearch(搜索引擎)、Redis(日志服务器)等。图 4-2 显示了 Logstash 的工作流程。

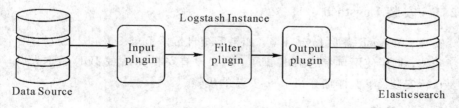

图 4-2　Logstash 的工作流程

每个阶段也可以指定多种方式，比如输出既可以输出到 Elasticsearch 中，也可以指定到 Stdout 中在控制台上打印。

由于这种插件式的组织方式，使得 Logstash 变得易于扩展和定制。

（1）Input(输入)：必选项，负责产生事件，常用插件包括：File(文件)、Syslog(系统日志)、Redis(日志服务器)、Beats(如：Filebeats,日志搜集器)；

（2）Filter(过滤)：可选项，负责数据处理与转换，常用插件包括：Grok(Grok 正则表达式)、Mutate、Drop(丢弃)、Clone(复制)、Geoip；

(3) Output(输出)：必选项，负责数据输出，常用插件包括：Elasticsearch(搜索引擎)、File(文件过滤器)、Graphite(网站实时采集与统计)、Statsd(网络守护进程)。

4.1.3 Logstash 优势

Logstash 和 Filebeat 都具有日志收集功能，Filebeat 更轻量，占用资源更少，Logstash 具有 Filter 功能，能过滤分析日志。一般情况下，Filebeat 采集日志，发送到消息队列，比如 Redis、Kafka 等。Logstash 获取日志，利用 Filter 功能过滤分析，然后存储到 Elasticsearch 中。

Logstash 和 Filebeat 都可以作为日志采集工具，目前日志采集工具有很多种，如 Fluentd、Flume、Logstash、Beats 等。

Logstash 出现时间要比 Filebeat 早，随着时间发展，Logstash 不仅可以作为一个日志采集工具，也可以作为一个日志搜集工具，包含了丰富的 Input、Filter、Output 插件。常用的 ELK 日志采集方案中，大部分的做法就是将所有节点的日志内容上送到 Kafka 消息队列，然后使用 Logstash 集群读取消息队列内容，根据配置文件进行过滤，上送到 Elasticsearch。

Logstash 使用 Java 编写，插件使用 Jruby 编写，对机器的资源要求比较高，在采集日志方面，对 CPU、内存要求都要比 Filebeat 高很多。

Logstash 主要的优点就是它的灵活性，因为它有很多插件，并且 Logstash 具备清晰的文档及配置格式，这使得它能够应用在多种场景下。

4.2 Logstash 安装与配置

本节详细介绍如何配置 Java 环境，如何安装、配置和启动 Logstash，Logstash 配置文件详解，Logstash 日志文件配置详解和 Logstash 的三种运行方式。

4.2.1 安装 Logstash

安装 Logstash 需要 Java 环境，如果系统自带了 Java 8 及以上版本，则不用重新安装，直接使用自带的 JDK 即可；如果没有安装 Java 或 JDK 版本太旧，则需要自行安装。下面详细介绍 Java 安装的步骤。

1. Java 安装

1) 验证 Java 安装

如果系统已经安装了 Java，运行如下命令可以看到已安装的 Java 版本信息。

```
java - version
```

2) 下载 JDK

如果没有下载 Java，请访问以下链接并下载最新版 JDK。

http://www.oracle.com/technetwork/java/javase/downloads/index.html

下载目录为"/opt"。本书以 JDK1.8.0 101 为例，讲解如何安装和配置 Java。

3）提取文件

在"/opt"目录下，使用以下命令提取 JDK 文件。

```
pwd
/opt
tar - zxf jdk - 8u101 - linux - x64. tar. gz
```

4）移动到选择目录

使用 mkdir 创建目录，并将 Java 解压文件移动到该目录，移动命令如下：

```
mkdir /opt/jdk
mv jdk1.8.0_101/opt/jdk/
```

5）设置路径和环境变量

要设置路径和 JAVA_HOME 变量，请将以下命令添加到～/. bashrc 文件。

```
export JAVA_HOME=/opt/jdk/jdk1.8.0 101
export PATH= $ PATH: $ JAVA_HOME/bin
```

现将所有更改应用到当前运行的系统，应用命令如下：

```
source ~/. bashrc
```

6）验证 Java 安装是否成功，应用命令如下：

```
java - version
java version "1.8.0_101"
Java(TM) SE Runtime Environment (build 1.8.0_101 - b13)
Java HotSpot(TM) 64 - Bit Server VM (build 25.101 - b13, mixed mode)
```

在 Linux 系统上，尝试安装 Java 之前，可能还需要导出 JAVA_HOME 环境（尤其是在从 Tarball 中安装 Java 时）。这是因为 Logstash 在安装过程中使用了 Java 自动检测环境并安装了正确的启动方法（如：SysV init 脚本、Upstart 或 systemd）。如果在压缩包安装期间，Logstash 无法找到 JAVA_HOME 环境变量，可能会得到一条错误消息，并且 Logstash 将无法正常启动。

2. Logstash 安装

1）下载 Logstash 安装压缩包

安装 Logstash 环境，需要下载对应系统的压缩包，如图 4 - 3 所示。使用 tar 命令解压文件，不要将 Logstash 安装到目录名包含冒号（:）字符的文件夹中。

下载地址：https://www. elastic. co/downloads/logstash。

2）从资源包中安装 Logstash

Logstash 提供了 APT 和 YUM 两种安装方式，需要注意的是这两种方式只提供了二进制包，没有源代码包，包是作为 Logstash 构建的一部分创建的。

Logstash 包存储库的版本分割成单独的 URL，以避免在不同的版本之间升级出现意外。

在安装的过程中需要使用 PGP D88E 42B4，Elastic 的签名密钥和指纹：

```
4609 5ACC 8548 582C 1A26 99A9 D27D 666C D88E 42B4
```

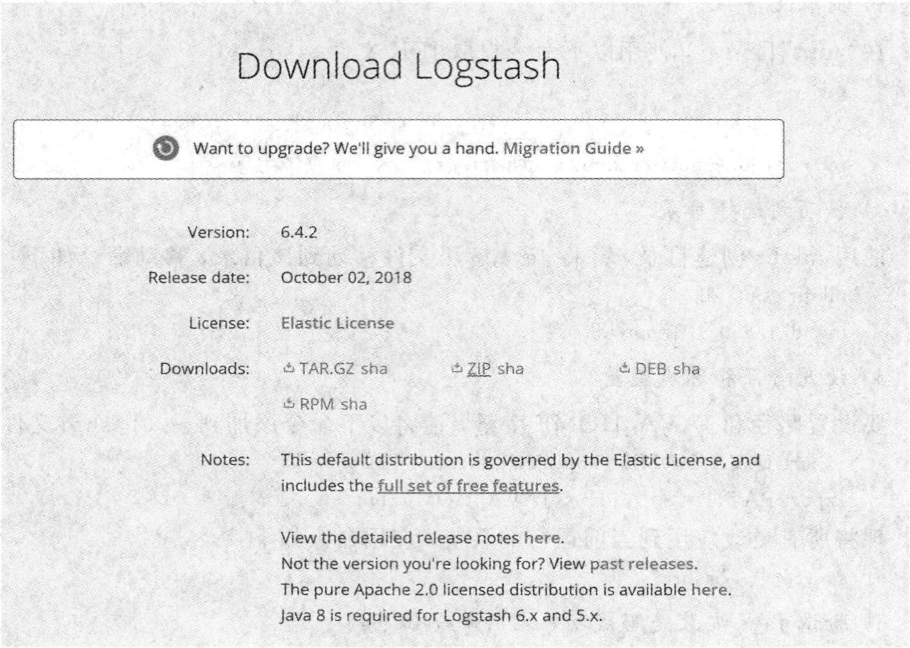

Download Logstash

Want to upgrade? We'll give you a hand. Migration Guide »

Version: 6.4.2

Release date: October 02, 2018

License: Elastic License

Downloads: ⬇ TAR.GZ sha ⬇ ZIP sha ⬇ DEB sha
⬇ RPM sha

Notes: This default distribution is governed by the Elastic License, and includes the full set of free features.

View the detailed release notes here.
Not the version you're looking for? View past releases.
The pure Apache 2.0 licensed distribution is available here.
Java 8 is required for Logstash 6.x and 5.x.

图 4 - 3 Logstash 压缩包下载界面

（1）APT 安装方式的步骤如下：

· 下载并安装：

wget - qO - https：//packages. elastic. co/GPG - KEY - elasticsearch | sudo apt - key add -

· 将库的配置添加到/etc/apt/sources. list 文件中：

echo "deb https：//packages. elastic. co/logstash/6. 4/debian stable main" | sudo tee - a /etc/apt/sources. list

· 运行 sudo apt - get update 准备使用 Logstash：

sudo apt - get update

sudo apt - get install logstash

（2）YUM 安装方式的步骤如下：

· 下载并安装公钥：

rpm - - import https：//packages. elastic. co/GPG - KEY - elasticsearch

· 将下面的配置信息添加到/etc/yum. repos. d/目录下的一个后缀为 . repo 的文件中，例如：logstash. repo。

[Logstash - 6. 4]

name＝Logstash repository for 6. 4. 2 packages

baseurl＝https：//packages. elastic. co/logstach/6. 4/centos

gpgcheck＝1

gpgkey＝https：//packages. elastic. co/GPG - KEY - elasticsearch

enabled＝1

· 接下来使用 yum install 命令安装 Logstash：

yum install logstash

3. Logstash 启动及验证

1）命令行启动

在终端中，运行命令启动 Logstash 进程：

```
bin/logstash -e 'input{stdin{}}output{stdout{codec=>rubybug}}'
```

此时会发现终端在等待你的输入。如果没问题，输入 Hello World，回车，查看返回结果，代码如下：

```
{
        "message" => "Hello World",
        "@version" => "1",
        "@timestamp" => "2018-10-02T10:30:59.937Z",
            "host" => "xxx. local",
}
```

2）通过配置文件启动

通过定义 logstash. conf 配置文件来启动 Logstash，例如：

```
input { stdin { } }
output {
   elasticsearch {embedded => true }
   stdout { codec => rubydebug{} }
}
```

在终端运行下列代码：

```
bin/logstash -f logstash. conf
```

4. Logstash 命令行参数

Logstash 提供了一个名叫 logstash 的 Shell 脚本，方便快速运行。它支持以下参数：

（1）-e，意即执行。在测试"Hello World"的时候已经用过这个参数了。事实上可以不写任何具体配置，直接运行 bin/logstash -e 即可达到相同效果。这个参数的默认值如下：

```
input {
    stdin { }
}
output {
    stdout { }
}
```

（2）--config 或 -f，意即文件。运行中，我们会写很长的配置，甚至可能超过 Shell 所能支持的 1024 个字符长度。所以把配置固化到文件里，然后通过 bin/logstash -f agent. conf 这样的形式来运行。

此外，Logstash 还提供一个方便规划和书写配置的小功能。直接用 bin/logstash -f /etc/logstash. d/ 来运行，Logstash 会自动读取/etc/logstash. d/目录下所有的文本文件，然后在内存里拼接成一个完整的大配置文件，再去执行。

（3）--configtest 或 -t，意即测试，该参数可用来测试 Logstash 读取到的配置文件语法是否能正常解析。Logstash 配置语法是用 grammar.treetop 定义的。

（4）--log 或 -l，意即日志，Logstash 默认输出日志到标准输出。生产环境下可以通过 bin/logstash -l logs/logstash.log 命令来统一存储日志。

（5）--filterworkers 或 -w，意即工作线程，Logstash 会运行多个线程。可以用 bin/logstash -w 5 这样的方式强制 Logstash 为过滤插件运行 5 个线程。

（6）--pluginpath 或 -P。该参数可用来写自己的插件，然后用 bin/logstash --pluginpath /path/to/own/plugins 加载它们。

（7）--verbose：输出一定的调试日志。

（8）--debug：输出更多的调试日志。

4.2.2 配置 Logstash

1. 配置语法

Logstash 设计了自己的 DSL，它类似于 Puppet 的 DSL，均采用 Ruby 语言实现，包括区域、注释、数据类型（布尔值、字符串、数值、数组、哈希）、条件判断、字段引用等。

1）区域

Logstash 用"{}"来定义区域。区域内可以包括插件区域定义，你可以在一个区域内定义多个插件。插件区域内则可以定义键值对设置。示例如下：

```
input{
    stdin{}
    syslog{}
}
```

2）数据类型

（1）布尔值。例如：

```
debug => true
```

（2）字符串。例如：

```
host =>"hostname"
```

（3）数值。例如：

```
port => 514
```

（4）数组。例如：

```
match =>["datetime","unix","iso8601"]
```

（5）哈希。例如：

```
options =>{
    key1 =>"value1",
    key2 =>"value2"
}
```

3）字段引用

字段是 Logstash∷Event 对象的属性。正如事件就像一个哈希一样，字段就像一个键值对。

如果要在 Logstash 配置中使用字段的值，只需把字段的名字写在中括号"[]"里即可，这就叫"字段引用"。

2. 插件安装

插件安装步骤如下：

（1）在网上搜索插件。访问 rubygems. org 网站即可搜索插件。

（2）查看本机已有插件。例如：

```
bin/plugin list
```

（3）在线安装。例如：

```
bin/plugin install [插件名称]
```

（4）本地安装（提前下载到本地）。例如：

```
bin/plugin install path/logstash - xxx - x. x. x. gem
```

（5）卸载插件。例如：

```
bin/plugin uninstall [插件名称]
```

（6）更新本机已有插件。例如：

```
bin/plugin update [插件名称]
```

3. Logstash 配置文件详解

在安装路径/etc/logstash/下，可以看到相关配置文件：

```
cd /etc/logstash/
ls
conf. d   jvm. options   log4j2. properties   logstash. yml   pipelines. yml   startup. options
```

（1）conf. d：Logstash 日志解析文件保存在此处；

（2）jvm. options：内存相关设置；

（3）log4j2. properties：日志相关配置；

（4）logstash. yml：Logstash 系统相关配置；

（5）pipelines. yml：管道配置；

（6）startup. options：启动配置。

4. Logstash 日志解析文件配置详解

Logstash 通过管道进行运作，管道有两个必需元素：输入和输出插件，还有一个可选元素：过滤器插件。

输入插件从数据源获取数据，过滤器插件根据用户指定的数据格式修改数据，输出插件则将数据写入到目的地。这中间的配置都是通过日志解析文件来进行的。日志解析配置文件的框架共分为三个模块：Input、Output、Filter。配置文件一般放在/etc/logstash/conf. d/目录下，写法如下：

```
♯日志导入
♯日志筛选匹配处理
♯日志匹配输出
```

```
input {
}
filter {
}
output {
}
```

1）Input 模块

Input 模块下可以使用 Syslog、File、Redis、Beats 等多个插件，如表 4-1 所示。

表 4-1 Input 模块下的插件功能

插件名	功 能 描 述
File	从文件系统上的文件读取，类似于 UNIX 命令 tail-F
Syslog	在众所周知的端口 514 上侦听系统日志消息，并根据 RFC3164 格式进行解析
Redis	利用 Redis 通道和 Redis 列表从 Redis 服务器读取数据。Redis 经常用于集中式 Logstash 安装中的"Broker"，它将来自远程 Logstash"Shippers"的 Logstash 事件排队
Beats	处理由 Filebeat 发送的事件

（1）File 插件配置详解如下：

＃File 为常用文件插件，插件内选项很多，可根据需求自行判断，可同时配置多个

＃ type 字段，可表明导入的日志类型，这里的 type 对应了 ES 中 index 中的 type，即如果输入 ES 时，没有指定 type，那么这里的 type 将作为 ES 中 index 的 type

＃ path 要导入的文件位置，可以使用 ＊，例如/var/log/nginx/＊.log

＃excude 要排除的文件

＃ start_position 可以设置为 beginning 或者 end，beginning 表示从头开始读取文件，end 表示读取最新的，这个也要和 ignore_older 一起使用

＃ ignore_older 表示了针对多久的文件进行监控，默认一天，单位为秒，可以自己定制，比如默认只读取一天内被修改的文件，0 为无限制，单位为秒

＃ sincedb_path 表示文件读取进度的记录，每行表示一个文件，每行有两个数字，第一个表示文件的 inode，第二个表示文件读取到的位置（byteoffset）。默认为 ＄HOME/.sincedb＊;记录文件上次读取位置，输出到 null 表示每次都从文件首行开始解析

＃ delimiter 这个值默认是\n 换行符，如果设置为空""，那么后果是每个字符代表一个 event

```
input {
    file {
        type =>"httpd_access"
        path =>"/etc/httpd/logs/access_log"
        excude =>"＊.gz"
        start_position =>"beginning"
```

```
            ignore_older => 0
            sincedb_path => "/dev/null"
            delimiter => ""
        }
    file {
            path => "/var/lib/mysql/slow. log"
            start_position => "beginning"
            ignore_older => 0
            ......
        }
    }
```

（2）Redis 插件配置详解如下：

\# Redis 插件为常用插件，插件内选项很多，可根据需求自行判断

\# batch_count 是 EVAL 命令返回的事件数目，设置为 5 表示一次请求返回 5 条日志信息

\# data_type 表示 Logstash Redis 插件工作方式

\# key 表示监听的键值

\# host 是 Redis 地址

\# port 是 Redis 端口号

\# password 是安全认证，此项为认证密码

\# db 是数据库，此为 Redis 数据库的编号，默认为 0

\# threads 是启用线程数量

```
input {
        redis {
                batch_count => 1
                data_type => "list"
                key => "logstash-test-list"
                host => "127.0.0.1"
                port => 6379
                password => "123qwe"
                db => 0
                threads => 1
            }
    }
```

（3）Beats 插件配置详解如下：

\# port 是指定监听端口

\# host 是要监听的 ip 地址，默认 0.0.0.0

```
input {
    beats {
        port => 5044
        host => '0.0.0.0'
```

```
            }
        }
```

2）Filter 模块

Filter 模块下主要插件有 Grok、Mutate、Ruby、JSON 等，如表 4 - 2 所示。

表 4 - 2　Filter 模块下的插件功能

插件名	功 能 描 述
Grok	Grok 目前是 Logstash 中最好的解析非结构化日志并且结构化它们的工具。这个工具非常适合 Syslog、Apache log、MySQL log 之类的可读日志的解析
Mutate	Mutate 过滤器允许对字段执行常规突变，包括重命名、删除、替换和修改事件中的字段
Ruby	Ruby 插件可以使用任何 Ruby 语法，比如逻辑判断、条件语句、循环语句、字符串操作、事件对象操作
JSON	这是一个 JSON 解析过滤器。它需要一个包含 JSON 的现有字段，并将其扩展为 Logstash 事件中的实际数据结构

（1）Grok 插件配置详解如下：

♯ Grok 目前是 Logstash 中最好的解析非结构化日志并且结构化它们的工具。这个工具非常适合 Syslog、Apache log、MySQL log 之类的可读日志的解析

♯ match 是正则匹配日志，可以筛选分割出需要记录的字段和值

♯ remove_field 表示删除不需要记录的字段

```
filter{
        grok{
        match => { "message" => "正则表达式"}
        remove_field => ["message"]
            }
        }
```

（2）Mutate 插件配置详解如下：

♯Mutate 过滤器允许对字段执行常规突变，包括重命名、删除、替换和修改事件中的字段。将字段的值转换为其他类型，例如将字符串转换为整数。如果字段值是数组，则将转换所有成员。如果该字段是哈希，则不会采取任何操作

♯convert 表示把 request_time 的值转换为浮点型，costTime 的值转换为整型

♯copy 表示将现有字段复制到另一个字段。将覆盖现有目标字段

♯gsub 表示将正则表达式与字段值匹配，并将所有匹配替换为替换字符串。仅支持字符串或字符串数组的字段。对于其他类型的领域，将不采取任何行动，用下划线替换所有正斜杠，替换反斜杠、问号、哈希和减号，带点"."

```
filter {
        mutate {
                convert => [
                "request_time", "float",
```

```
"costTime","integer"
            ]
copy => { "source_field" => "dest_field" }
gsub => [
"fieldname","/","_",
"fieldname2","[\\? #-]","."
            ]
    }
}
```

（3）Ruby 插件配置详解如下：

＃Ruby 插件可以使用任何 Ruby 语法，比如逻辑判断、条件语句、循环语句、字符串操作、事件对象操作。Ruby 插件有两个属性：init 和 code。init 属性是用来初始化字段的，可以在这里初始化一个字段，无论何种类型均可，这个字段只是在 ruby{}作用域里面生效。这里初始化了一个名为 field 的 Hash 字段。可以在下面的 code 属性里面使用。code 属性使用两个冒号进行标识，所有 Ruby 语法都可以在里面进行

＃下面对一段数据进行处理

＃首先，需要把 message 字段里面的值拿到，并且按照"|"对值进行分割。这样分割出来的是一个数组（Ruby 的字符串处理）

＃第二步，需要循环数组判断其值是否是所需数据（Ruby 条件语法、循环结构）

＃第三步，把需要的字段添加进入事件（EVENT）对象

＃第四步，选取一个值，进行 MD5 加密

＃什么是 event 对象？ event 就是 Logstash 对象，可以在 Ruby 插件的 code 属性里面操作它，可以添加、删除、修改属性字段，也可以进行数值运算

＃进行 MD5 加密的时候，需要引入对应的包

＃最后把冗余的 message 字段去除

```
filter {

    ruby {
        init => [field={}]
        code => "
        array=event. get('message'). split('|')
        array. each do |value|
            if value. include? 'MD5_VALUE'
                then
                    require 'digest/md5'
                    md5=Digest::MD5. hexdigest(value)
                    event. set('md5',md5)
            end
            if value. include? 'DEFAULT_VALUE'
                then
                    event. set('value',value)
            end
```

```
        end
        remove_field=>"message"
"
    }
  }
```

（4）JSON 插件配置详解如下：

♯JSON 解析过滤器需要一个包含 JSON 的现有字段，并将其扩展为 Logstash 事件中的实际数据结构。默认情况下，它会将解析后的 JSON 放在 Logstash 事件的根（顶层）中，但是可以使用配置将此过滤器配置为将 JSON 放入任意事件字段中

♯source 表示 JSON 所在位置，如果在 message 字段中有 JSON 数据

♯add_field 表示如果此过滤器成功，请向此事件添加任意字段。字段名称可以是动态的，并使用包含事件的部分内容％{field}

♯remove_field 表示移除字段

```
filter {
  json {
        source => "message"
        add_field => { "foo_%{somefield}" => "Hello world, from %{host}" }
        remove_field => [ "foo_%{somefield}" ]
    }
  }
```

3）Output 模块

Output 模块下主要插件为 Elasticsearch、File、Redis、Email、Stdout 等。

（1）其中，Elasticsearch 插件配置详解如下：

♯可以同时输出到多个终端，筛选过滤后的内容输出到终端显示。下面是导出到 Elasticsearch 配置

♯codec 表示导出格式为 JSON

♯ host 是 Elasticsearch 地址＋端口

♯index 是设置索引，可以使用时间变量

♯ usr 和 password 是 Elasticsearch 账号密码验证，无安全认证就不需要

```
output {
        stdout { codec => "rubydebug" }
        elasticsearch {
            codec => "json"
            hosts => ["127.0.0.1:9200"]
            index => "logstash-slow-%{+YYYY.MM.dd}"
            user => "admin"
```

```
                password => "xxxxxx"
                    }
            }
```

（2）Redis 插件配置详解如下：

＃输出到 Redis 的插件，下面选项根据需求使用

＃ batch 设为 false，一次 rpush 发一条数据，true 为发送一批

＃ batch_events 是一次 rpush 发送多少数据

＃ batch_timeout 是一次 rpush 消耗多少时间

＃ codec 是对输出数据进行 codec，避免使用 Logstash 的 separate filter

＃ congestion_interval 是多长时间进行一次拥塞检查

＃ congestion_threshold 是限制一个 list 中可以存在多少个 item，当数量足够时，就会阻塞，直到有其他消费者消费 list 中的数据

＃ data_type 是使用 list 还是 publish

＃ db 是使用 Redis 的那个数据库，默认为 0 号

＃ host 是 Redis 的地址和端口，会覆盖全局端口

＃ key 是 list 或 channel 的名字

＃ password 是 Redis 的密码，默认不使用

＃ port 是全局端口，默认 6379，如果 host 已指定，本条失效

＃ reconnect_interval 是失败重连的间隔，默认为 1s

＃ timeout 是连接超时的时间

＃ workers 是工作进程

```
output {
    redis{
        batch => true
        batch_events => 50
        batch_timeout => 5
        codec => plain
        congestion_interval => 1
        congestion_threshold => 5
        data_type => list
        db => 0
        host => ["127.0.0.1:6379"]
        key => xxx
        password => xxx
        port => 6379
        reconnect_interval => 1
        timeout => 5
        workers => 1
        }
    }
```

5. Logstash 配置文件示例

（1）Elasticsearch－slow log 日志配置文件示例如下：

```
input {
    file {
        path => ["/var/log/elasticsearch/private_test_index_search_slowlog. log"]
        start_position => "beginning"
        ignore_older => 0
        #  sincedb_path => "/dev/null"
        type => "elasticsearch_slow"
        }
    }


filter {
    grok {
        match =>   { "message" => "^\[(\d\d){1,2}-(?:0[1-9]|1[0-2])
-(?:(?:0[1-9])|(?:[12][0-9])|(?:3[01])|[1-9])\s+(?:2[0123]|[01]?
[0-9]):(?:[0-5][0-9]):(?:(?:[0-5]? [0-9]|60)(?:[.,][0-9]+)?)\]
\[(TRACE|DEBUG|WARN\s|INFO\s)\]\[(? <io_type>[a-z\. ]+)\]\s\
[(? <node>[a-z0-9\-\. ]+)\]\s\[(? <index>[A-Za-z0-9\. \_\-]+)
\]\[\d+\]\s+took\[(? <took_time>[\. \d]+(ms|s|m))\]\,\s+took_mil-
lis\[(\d)+\]\,\s+types\[(? <types>([A-Za-z\_]+|[A-Za-z\_]*))
\]\,\s+stats\[\]\,\s+search_type\[(? <search_type>[A-Z\_]+)\]\,\s
+total_shards\[\d+\]\,\s+source\[(? <source>[\s\S]+)\]\,\s+extra_
source\[[\s\S]*\]\,\s* $" }
        remove_field => ["message"]
        }


    date {
        match => ["timestamp","dd/MMM/yyyy:HH:mm:ss Z"]
        }
    ruby {
        code => "event. timestamp. time. localtime"
        }
    }


output {
    elasticsearch {
        codec => "json"
        hosts => ["127. 0. 0. 1:9200"]
        index => "logstash-elasticsearch-slow-%{+YYYY. MM. dd}"
        user => "admin"
        password => "xxxx"
```

```
            }
        }
```

（2）MySQL – slow log 日志配置文件示例如下：

```
    input {
        file {
            path => "/var/lib/mysql/slow. log"
            start_position => "beginning"
            ignore_older => 0
            # sincedb_path => "/dev/null"
            type => "mysql – slow"
            }
        }
    filter {
        if ([message] =~ "^(\/usr\/local|Tcp|Time)[\s\S] * ") { drop {} }
        multiline {
            pattern => "\#\s+Time\:\s+\d+\s+(0[1 – 9]|[12][0 – 9]|3[01]|[1 – 9])"
            negate => true
            what => "previous"
                }
        grok {
            match => { "message" => "^\#\sTime\:\s+\d+\s+(? <datetime
            >%{TIME})\n+\#\s+User@Host\:\s+[A – Za – z0 – 9\_]+\[(? <
            mysql_user>[A – Za – z0 – 9\_]+)\]\s+@\s+(? <mysql_host>[A – Za – z0
            – 9\_]+)\s+\[\]\n+\#\s+Query\_time\:\s+(? <query_time>[0 – 9\. ]
            +)\s+Lock\_time\:\s+(? <lock_time>[0 – 9\. ]+)\s+Rows\_sent\:\s+
            (? <rows_sent>\d+)\s+Rows\_examined\:\s+(? <rows_examined>\d
            +)(\n+|\n+use\s+(? <dbname>[A – Za – z0 – 9\_]+)\;\n+)SET\s+
            timestamp\=\d+\;\n+(? <slow_message>[\s\S]+) $"
                }
            remove_field => ["message"]
            }
        date {
            match => ["timestamp","dd/MMM/yyyy:HH:mm:ss Z"]
            }
        ruby {
            code => "event. timestamp. time. localtime"
            }
        }
```

```
output {
    elasticsearch {
        codec => "json"
        hosts => ["127. 0. 0. 1:9200"]
        index => "logstash - mysql - slow -%{+YYYY. MM. dd}"
        user => "admin"
        password => "xxxxx"
            }
        }
```

(3) Nginx access. log 日志配置文件示例如下：

Logstash 中内置了 Nginx 的正则，只要稍作修改就能使用。将下面的内容写入到/opt/logstash/vendor/bundle/jruby/1. 9/gems/logstash - patterns - core - 2. 0. 5/patterns/grok - patterns 文件中。

```
X_FOR (%{IPV4}|-)

NGINXACCESS %{COMBINEDAPACHELOG} \"%{X_FOR:http_x_forwarded_for}\"

ERRORDATE %{YEAR}/%{MONTHNUM}/%{MONTHDAY} %{TIME}

NGINXERROR_ERROR %{ERRORDATE:timestamp}\s{1,}\[%{DATA:err_se-
verity}\]\s{1,}(%{NUMBER:pid:int}#%{NUMBER}:\s{1,}\ * %{NUMBER}|
\ * %{NUMBER}) %{DATA:err_message}(?:,\s{1,}client:\s{1,}(? <client_ip
>%{IP}|%{HOSTNAME}))(?:,\s{1,} server:\s{1,}%{IPORHOST: server})
(?:, request: %{QS:request})? (?:, host: %{QS:server_ip})? (?:, referrer:\"%
{URI:referrer})?

NGINXERROR_OTHER %{ERRORDATE:timestamp}\s{1,}\[%{DATA:err_se-
verity}\]\s{1,}%{GREEDYDATA:err_message}
```

之后的日志配置文件如下：

```
input {
    file {
    path => [ "/var/log/nginx/www - access. log" ]
    start_position => "beginning"
    #  sincedb_path => "/dev/null"
    type => "nginx_access"
        }
    }

filter {
    grok {
```

```
        match => { "message" => "%{NGINXACCESS}"}
          }
      mutate {
      convert => [ "response","integer" ]
      convert => [ "bytes","integer" ]
            }
    date {
      match => [ "timestamp","dd/MMM/yyyy:HH:mm:ss Z"]
      }
    ruby {
      code => "event. timestamp. time. localtime"
        }
      }


output {
    elasticsearch {
        codec => "json"
        hosts => ["127. 0. 0. 1:9200"]
        index => "logstash - nginx - access -%{+YYYY. MM. dd}"
        user => "admin"
        password => "xxxx"
            }
    }
```

（4）Nginx error. log 日志配置文件示例如下：

```
input {
    file {
    path => [ "/var/log/nginx/www - error. log" ]
    start_position => "beginning"
    #  sincedb_path => "/dev/null"
    type => "nginx_error"
      }
    }


filter {
    grok {
        match => [
            "message","%{NGINXERROR_ERROR}",
            "message","%{NGINXERROR_OTHER}"
            ]
      }
    ruby {
        code => "event. timestamp. time. localtime"
        }
    date {
```

```
        match => [ "timestamp","dd/MMM/yyyy:HH:mm:ss"]
    }

}

output {
    elasticsearch {
        codec => "json"
        hosts => ["127.0.0.1:9200"]
        index => "logstash-nginx-error-%{+YYYY.MM.dd}"
        user => "admin"
        password => "xxxx"
            }

    }
```

（5）PHP error. log 日志配置文件示例如下：

```
input {
    file {
        path => ["/var/log/php/error.log"]
        start_position => "beginning"
        # sincedb_path => "/dev/null"
        type => "php-fpm_error"
        }
    }

filter {
    multiline {
        pattern => "^\[(0[1-9]|[12][0-9]|3[01]|[1-9])\-%{MONTH}
        -%{YEAR}[\s\S]+"
        negate => true
        what => "previous"
            }
    grok {
        match => { "message" => "^\[(? <timestamp>(0[1-9]|[12][0-9]|3
        [01]|[1-9])\-%{MONTH}-%{YEAR}\s+%{TIME}?)\s+[A-Za-z]+
        \/[A-Za-z]+\]\s+(? <category>(?:[A-Z]{3}\s+[A-Z]{1}[a-z]{5,
        7}|[A-Z]{3}\s+[A-Z]{1}[a-z\s]{9,11}))\:\s+(? <error_message>[\s
        \S]+$)" }

        remove_field => ["message"]
        }
    date {
```

```
                match => ["timestamp","dd/MMM/yyyy:HH:mm:ss Z"]
            }

        ruby {
            code => "event. timestamp. time. localtime"
            }

        }
    output {
        elasticsearch {
            codec => "json"
            hosts => ["127. 0. 0. 1:9200"]
            index => "logstash - php - error-%{+YYYY. MM. dd}"
            user => "admin"
            password => "xxxxx"
                        }
        }
```

（6）PHP - fpm slow - log 日志配置文件示例如下：

```
    input {
        file {
            path => ["/var/log/php - fpm/www. slow. log"]
            start_position => "beginning"
            # sincedb_path => "/dev/null"
            type => "php - fpm_slow"
            }
        }

    filter {
        multiline {
            pattern => "^$"
            negate => true
            what => "previous"
                }
        grok {
            match => { "message" => "^\[(? <timestamp>(0[1-9]|[12][0-9]|3
[01]|[1-9])\-%{MONTH}-%{YEAR}\s+%{TIME})\]\s+\[[a-z]{4}\s
+(? <pool>[A-Za-z0-9]{1,8})\]\s+[a-z]{3}\s+(? <pid>\d{1,7})
\n(? <slow_message>[\s\S]+$)" }
```

```
                    remove_field => ["message"]
                    }

            date {
            match => ["timestamp","dd - MMM - yyyy:HH:mm:ss Z"]
                }

            ruby {
            code => "event. timestamp. time. localtime"
                }

                }


        output {

            elasticsearch {
                codec => "json"
                hosts => ["127. 0. 0. 1:9200"]
                index => "logstash - php - fpm - slow -%{+YYYY. MM. dd}"
                user => "admin"
                password => "xxxx"
                    }

                }
```

4.2.3　Logstash 运行方式

Logstash 运行方式主要包括 Service、Nohup、Screen 三种。

1. Service 方式

采用 RPM、DEB 发行包安装的读者，推荐采用这种方式。发行包内都自带 sysv 或者 systemd 风格的启动程序/配置，直接使用即可。

以 RPM 为例，"/etc/init. d/logstash"脚本中会加载"/etc/init. d/functions" 库文件，利用其中的 daemon 函数，将 Logstash 进程作为后台程序运行。

所以，只需把写好的配置文件，统一放在"/etc/logstash/"目录下（注意目录下所有配置文件都是以 .conf 结尾，且不能有其他文本文件存在，因为 Logstash agent 启动的时候是读取全文件夹的），然后运行 service logstash start 命令即可。

2. Nohup 方式

Nohup 方式可以维持一个长期后台运行的 Logstash，同时在命令前面加上 nohup，后面加"&"符号。

```
nohup [logstash 程序] &
```

3. Screen 方式

该方式可在 Screen 命令创建的环境下运行终端命令，其父进程不是 sshd 登录会话，而是 Screen。这样既可以避免用户退出进程消失的问题，又随时能重新接管回终端继续操作。

（1）创建独立的 Screen 命令如下：

screen – dmS elkscreen_1

（2）接管连入创建的 elkscreen_1 命令如下：

screen – r elkscreen_1

（3）运行 Logstash 之后，不要按 Ctrl＋C 键，而是按 Ctrl＋A＋D 键，断开环境。若要重新接管，只需再执行"screen – r elkscreen_1"命令即可。

创建了多个 Screen，查看列表命令如下：

screen – list

4.3 Logstash 应用实例

本节将通过三个实例详细讲解 Logstash 的用法，包括日志数据整合、日志数据过滤和日志数据分析。

4.3.1 日志数据整合

本实例使用 Logstash 技术实现标准输入终端数据采集并在标准输出终端查看。下面介绍具体操作步骤。

1）创建配置文件

在 Logstash 的根目录下创建 conf 文件夹，如图 4 - 4 所示。

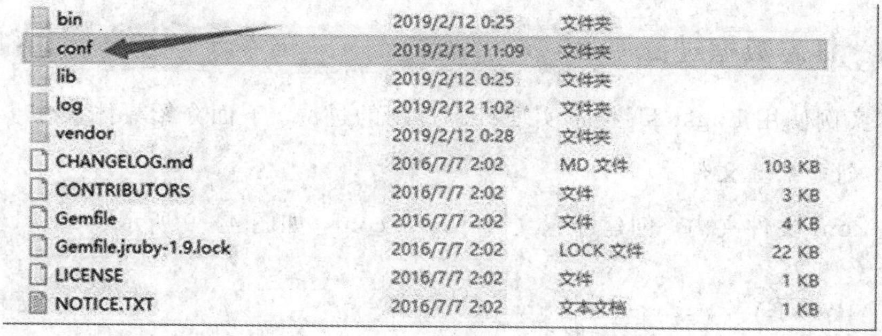

图 4 - 4　创建 conf 文件夹

在 conf 文件夹内，创建配置文件 conf1.conf，如图 4 - 5 所示。

图 4 - 5　创建配置文件 conf1.conf

2）配置日志输入源

输入源为命令行输入，如图 4 - 6 所示。

```
1 input {
2     stdin{}
3   }
```

图 4 - 6　配置日志输入源

3）配置输出

输出源为命令行输出，如图 4 - 7 所示。

```
4  output{
5      stdout{}
6   }
```

图 4 - 7　配置输出源

4）验证数据

启动 Logstash 后，命令行输入 hello world，如图 4 - 8 所示。

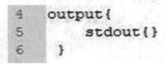

```
E:\logstash-2.3.4\bin>logstash -f ../conf/conf1.conf
io/console not supported, tty will not be manipulated
Settings: Default pipeline workers: 6
Pipeline main started
hello world
2019-02-12T03:12:58.557Z DESKTOP-N53M669 hello world
```

图 4 - 8　验证数据

4.3.2　日志数据过滤

本实例使用 Logstash 技术实现日志数据的过滤。下面介绍具体操作步骤。

1）创建配置文件

在 conf 文件夹内，创建配置文件 conf2. conf，如图 4 - 9 所示。

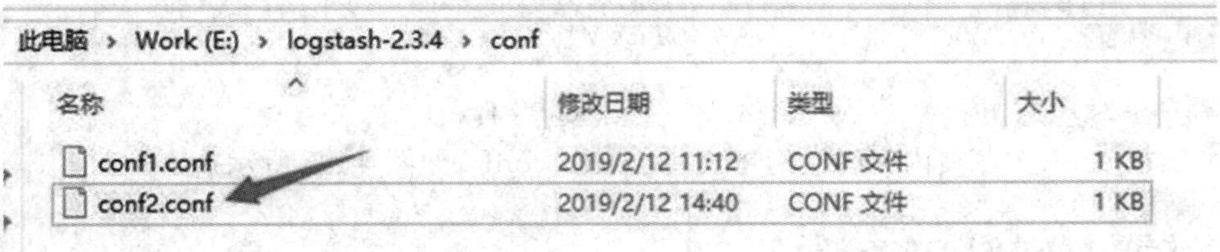

此电脑 › Work (E:) › logstash-2.3.4 › conf			
名称 ^	修改日期	类型	大小
conf1.conf	2019/2/12 11:12	CONF 文件	1 KB
conf2.conf	2019/2/12 14:40	CONF 文件	1 KB

图 4 - 9　创建配置文件 conf2. conf

2）配置日志输入源

输入源为日志文件，如图 4 - 10 所示。

```
1   input {
2       file {
3       path => ["E:\logstash-2.3.4\log\debug.log"]
4       type => "logs"
5           codec => multiline {
6                   pattern => "^%{TIMESTAMP_ISO8601} "
7                   charset => "GBK"
8                   negate => true
9                   what => "previous"
10          }
11      }
12  }
```

图 4-10　配置日志输入源

3）配置过滤

配置过滤信息，如日期、IP 地址等，如图 4-11 所示。

```
14  filter {
15    grok {
16      match => [ "message",
        "(?m)^%{TIMESTAMP_ISO8601:logtime}%{SPACE}%{LOGLEVEL:loglevel}%{SPACE}\[%{DATA:thread_id}\]%{SPACE}\[%{WORD:
        classname}\]%{SPACE}%{GREEDYDATA:logmessage}" ]
17    ]
18    date {
19      match => ["logtime", "yyyy-MM-dd HH:mm:ss,SSS" ]
20      target =>"@timestamp"
21      locale=>"en"
22      timezone =>"UTC"
23    }
24  }
25
```

图 4-11　配置过滤信息

4）配置输出

输出源为命令行输出，如图 4-12 所示。

```
25
26  output{
27      stdout { codec => rubydebug}
28  }
```

图 4-12　配置输出源

5）验证数据

（1）日志内容输出如图 4-13 所示。

```
1 2017-11-22 13:00:01,621 INFO
[AtlassianEvent::0-BAM::EVENTS:pool-2-thread-2] [BuildQueueManagerImpl]
Sent ExecutableQueueUpdate: addToQueue, agents known to be affected: []
2 2017-11-22 13:00:01,621 INFO
[AtlassianEvent::0-BAM::EVENTS:pool-2-thread-2] [BuildQueueManagerImpl]
测试日志: []
```

图 4-13　验证数据

（2）命令行输出如图 4-14 所示。

图 4-14 日志输出命令行显示

4.3.3 日志数据分析

本实例使用 Logstash 技术实现日志数据的分析功能。下面介绍具体操作步骤。

1）创建配置文件

在 conf 文件夹内，创建配置文件 conf3.conf，如图 4-15 所示。

图 4-15 创建配置文件 conf3.conf

2）配置日志输入源

输入源为日志文件，如图 4-16 所示。

```
1   input {
2       file {
3       path => ["E:\logstash-2.3.4\log\debug.log"]
4       type => "logs"
5         codec => multiline {
6                   pattern => "^%{TIMESTAMP_ISO8601} "
7                   charset => "GBK"
8                   negate => true
9                   what => "previous"
10        }
11     }
12   }
```

图 4-16 配置日志输入源

3）配置过滤

配置过滤信息，如日期、IP 地址等，如图 4-17 所示。

```
14  filter {
15    grok {
16      match => { "message",
17      "(?m)^%{TIMESTAMP_ISO8601:logtime}%{SPACE}%{LOGLEVEL:loglevel}%{SPACE}\[%{DATA:thread_id}\]%{SPACE}\[%{WORD:
18      classname}\]%{SPACE}%{GREEDYDATA:logmessage}" ]
19    date {
20      match => ["logtime", "yyyy-MM-dd HH:mm:ss,SSS" ]
21      target =>"@timestamp"
22      locale=>"en"
23      timezone =>"UTC"
24    }
25  }
```

图 4-17 配置过滤信息

4）配置输出

配置输出到 ElasticSearch 组件，如图 4-18 所示。

```
25
26  output{
27    elasticsearch { hosts => ["localhost:9200"] }
28    stdout { codec => rubydebug}
29  }
```

图 4-18 配置输出到 ElasticSearch 组件

5）配置 Kibana 组件

配置 Kibana 组件，如图 4-19 所示。

图 4-19 配置 Kibana 组件

6）可视化分析日志服务器访问情况

按照天、地域、城市等进行可视化分析日志，如图 4-20 所示。

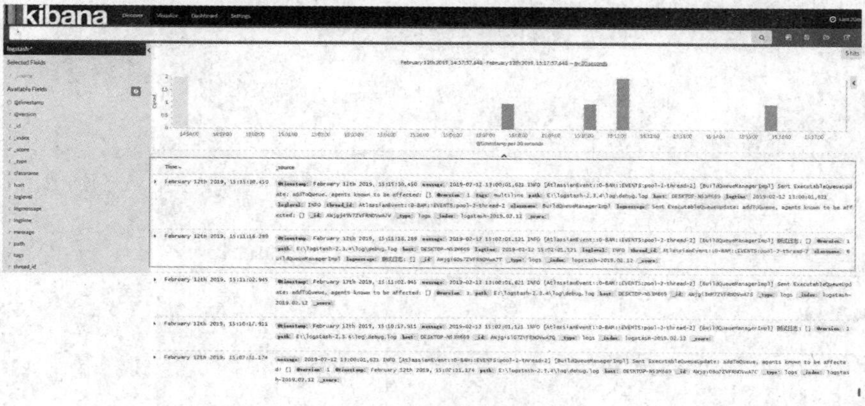

图 4-20 可视化分析日志

本章小结

　　本章主要讲述大数据日志采集技术 Logstash 的概念、工作原理、安装部署与应用。首先讲述 Logstash 的基本概念、工作原理；然后详细介绍了如何安装与部署 Logstash；最后通过三个具体实例阐述了 Logstash 在大数据日志采集中的应用。

课后作业

一、名词解释

1. 什么是"Input"？
2. 什么是"Filter"？
3. 什么是"Output"？
4. 什么是"Filebeat"？
5. 什么是"字段引用"？

二、简答题

1. 说明什么是 Logstash？Logstash 的特点是什么？
2. Logstash 相对 Filebeat 有什么优势？
3. 简述 Logstash 的基本架构。
4. Logstash 的进程如何长期运行？

三、编程题

采集系统日志，并进行简单可视化分析。

第 5 章

大数据实时采集技术——Kafka

◇ **学习目标**

理解 Kafka 的特性；
掌握 Kafka 的基本架构；
掌握 Kafka 安装与部署；
掌握 Kafka 的应用。

◇ **本章重点**

Kafka 概念及特性；
Kafka 基本架构；
Kafka 安装与部署；
Kafka 应用实践。

本章从 Kafka 的概念出发，详细阐述 Kafka 的特点、基本架构和应用场景；提供了详细的 Kafka 安装与部署过程；最后结合三个实例讲解了 Kafka 生产者和消费者的具体应用。

5.1 Kafka 概述

Kafka 是一个分布式、支持分区的（Partition）、多副本的（Replica）、基于 Zookeeper 协调的分布式消息系统，最初由 Linkedin 公司开发，具有高水平扩展和高吞吐量，于 2010 年贡献给了 Apache 基金会并成为顶级开源项目。

5.1.1 Kafka 概念与特性

在大数据系统中,经常会碰到一个问题,整个大数据是由各个子系统组成,数据需要在各个子系统中高性能、低延迟的不停流转。传统的企业消息系统并不适合大规模的数据处理。为了能够同时处理在线应用(消息)和离线应用(数据文件、日志等),Kafka 由此诞生。

Kafka 是由 Apache 软件基金会开发的一个开源流处理平台,使用 Scala 和 Java 语言编写。Kafka 是一种高吞吐量的分布式发布订阅消息系统,它可以处理消费者规模网站中的所有动作流数据。这种动作(网页浏览、搜索和其他用户的行动)是在现代网络上的许多社会功能的一个关键因素。这些数据通常是由于吞吐量的要求而通过处理日志和日志聚合来解决。对于像 Hadoop 一样的日志数据和离线分析系统,但又受到实时处理的限制,采用 Kafka 进行处理是一个可行的解决方案。Kafka 的目的是通过 Hadoop 的并行加载机制来统一线上和离线的消息处理,也是为了通过集群来提供实时消息。

Kafka 是一种高吞吐量的分布式发布订阅消息系统,有如下特性:

(1) 高吞吐量、低延迟:Kafka 每秒可以处理几十万条消息,它的延迟最低只有几毫秒,每个 Topic 可以分多个 Partition,Consumer Group 对 Partition 进行 Consume 操作。据了解,Kafka 每秒可以生产约 25 万消息(50 MB),每秒处理 55 万消息(110 MB)。

(2) 可扩展性:Kafka 集群支持热扩展。

(3) 持久性、可靠性:消息被持久化到本地磁盘,并且支持数据备份防止数据丢失。

(4) 容错性:允许集群中节点失败(若副本数量为 n,则允许 n−1 个节点失败)。

(5) 高并发:支持数千个客户端同时读写。

上述特性使得 Kafka 多用于日志收集、消息系统处理、用户活动跟踪、运营指标和流式处理等。

表 5−1 给出了 Kafka 和其他主流分布式消息系统之间的特性对比。

表 5−1 Kafka 和其他分布式消息系统特性对比

	ActiveMQ	RabbitMQ	Kafka
所属社区/公司	Apache	Mozilla Public License	Apache/Linkedin
开发语言	Java	Erlang	Java
支持的协议	OpenWire、STOMP、REST、XMPP、AMQP	AMQP	仿 AMQP
事务	支持	不支持	不支持
集群	支持	支持	支持
负载均衡	支持	支持	支持
动态扩容	不支持	不支持	支持(zk)

接下来，对表 5-1 中开发语言、支持的协议、事务、集群、负载均衡、动态扩容分别进行介绍。

(1) Java 和 Scala 都是运行在 JVM 上的语言。

(2) Erlang 和最近比较火的 Go 语言一样是从代码级别支持高并发的一种语言，所以 RabbitMQ 天生就有很高的并发性能。但是，由于 RabbitMQ 严格按照 AMQP(Advanced Message Queuing Protocol, 高级消息队列协议)进行实现，受到了很多限制。Kafka 的设计目标是高吞吐量，所以 Kafka 设计了一套高性能但是不通用的协议，它也是仿照 AMQP 设计的。

(3) 事务的概念：在数据库中，多个操作一起提交，要么操作全部成功，要么全部失败。举个例子，转账时的付款和收款，就是一个事务的例子，给对方转账，你转成功，并且对方正常收到款项后，这个操作才算成功，有一方失败，那么这个操作就是失败的。

对应消息队列中，就是多条消息一起发送，要么全部成功，要么全部失败。三个消息系统中只有 ActiveMQ 支持，这是因为 RabbitMQ 和 Kafka 为了更高的性能，而放弃了对事务的支持。

(4) 集群：多台服务器组成的整体叫做集群，这个整体对生产者和消费者来说是透明的。其实对消费系统组成的集群来说，添加一台服务器或者减少一台服务器对生产者和消费者都是不受影响的。

(5) 负载均衡：对消息系统来说负载均衡是大量的生产者和消费者向消息系统发出请求消息，系统必须均衡这些请求使得每一台服务器的请求达到平衡，而不是大量的请求落到某一台或几台服务器，使得这几台服务器高负荷或超负荷工作，严重情况下会停止服务或宕机。

(6) 动态扩容是很多公司要求的技术之一，不支持动态扩容就意味着停止服务，这对很多公司来说是不能接受的。

5.1.2　Kafka 基本架构

Kafka 的整体架构比较简单，属于显式分布式架构，如图 5-1 所示。

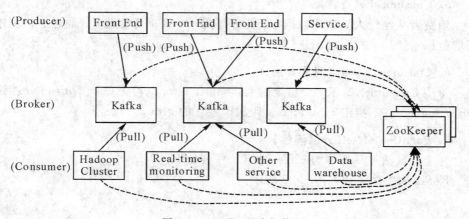

图 5-1　Kafka 基本架构图

Kafka 由 Producer（生产者）、Broker（服务代理）、Consumer（消费者）、Zookeeper（分布式协调服务）这几大构件组成。其中 Producer、Broker、Consumer 都可以有多个，Zookeeper 的引入极大地提高了其扩展性。Producer 和 Consumer 是实现 Kafka 注册的接口，数据从 Producer 发送到 Broker，Broker 承担一个中间缓存和分发的作用，将数据分发注册到系统中的 Consumer 中。Broker 的作用类似于缓存，即活跃数据和离线处理系统之间的缓存。客户端和服务器端的通信是基于简单、高性能、且与编程语言无关的 TCP 协议。下面详细介绍 Kafka 构件中的几个术语。

1. Broker（服务代理）

Kafka 集群通常由多个代理组成以保持负载平衡。Kafka 代理是无状态的，所以它们使用 Zookeeper 来维护它们的集群状态。一个 Kafka 代理实例可以每秒处理数十万次读取和写入，每个 Broker 可以处理 TB 级别的消息，而不受性能影响。Kafka 经纪人领导选举可以由 Zookeeper 完成。

2. Topic（主题）

每条发布到 Kafka 集群的消息都有一个类别，这个类别被称为主题。物理上不同主题的消息分开存储，逻辑上一个主题的消息虽然保存于一个或多个代理上，但用户只需指定消息的主题即可生产或消费数据而不必关心数据存于何处。

3. Partition（分区）

分区是物理上的概念，每个主题包含一个或多个分区。

4. Producer（生产者）

生产者是发送给一个或多个 Kafka 主题的消息的发布者。生产者向 Kafka 经纪人发送数据。每当生产者将消息发布给代理时，代理只需将消息附加到最后一个段文件。实际上，该消息将被附加到分区。生产者还可以向他们选择的分区发送消息。

5. Consumer（消费者）

消费者从经纪人处读取数据。消费者订阅一个或多个主题，并通过从代理中提取数据来使用已发布的消息。

6. Consumer Group（消费者组）

每个 Consumer 属于一个特定的 Consumer Group（可为每个 Consumer 指定 group name，若不指定 group name 则属于默认的 group）。

7. Partition offset（分区偏移）

每个分区消息具有称为 offset 的唯一序列标识。

Kafka 的工作流程如图 5-2 所示。

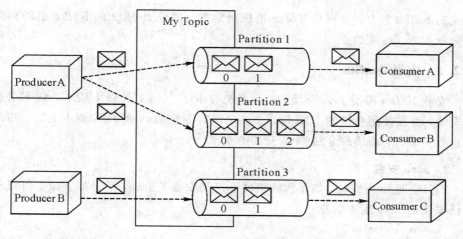

图 5-2　Kafka 的工作流程

生产者根据指定的分区方法（round - robin、hash 等），将消息发布到指定主题的分区。Kafka 集群接收到生产者发送过来的消息后，将其持久化到硬盘，并保留消息指定时长（可配置），而不关注消息是否被消费。消费者从 Kafka 集群拉取数据，并控制获取消息的偏移量。

5.1.3　Kafka 应用场景

Kafka 常用应用场景主要体现在消息系统、网站活动跟踪和日志收集方面，下面详细描述它的具体应用。

1. 消息系统

对于一些常规的消息系统，Kafka 是个不错的选择。分区、同步复制和容错可以使 Kafka 具有良好的扩展性和性能优势。不过到目前为止，我们应该很清楚地认识到，Kafka 并没有提供 JMS 中的"事务性"消息确认机制、"消息分组"等企业级特性。Kafka 只能使用作为常规的消息系统，在一定程度上，尚未确保消息的发送与接收绝对可靠（比如：消息重发、消息发送丢失等）。

2. 网站活动跟踪

Kafka 可以作为"网站活动跟踪"的最佳工具，将网页或用户操作等信息发送到 Kafka 中，并实时监控或离线统计分析等。

3. 日志收集

Kafka 的特性决定它非常适合作为"日志收集中心"。应用将操作日志通过批量、异步方式发送到 Kafka 集群中，而不是保存在本地或者数据库中。Kafka 可以批量提交消息或压缩消息，这对生产者端而言，几乎感觉不到性能的开销。此时，消费者端可以使用 Hadoop 等其他系统化的存储和分析系统。

5.2　Kafka 安装与部署

本节将详细介绍 Java 环境配置、Zookeeper 和 Kafka 的安装；搭建三种不同形式的 Kafka 集群，分别是 Kafka 单机版集群、多个 Broker 的 Kafka 集群和完全分布式 Kafka 集群。

5.2.1　安装 Kafka

安装 Kafka 需要 Java 环境，如果系统自带了 Java 8 及以上版本，则不用重新安装，直接使用自带的 JDK 即可；如果没有安装 Java 或 JDK 版本太旧，则需要自行安装。下面详细介绍 Java 安装的步骤。

1. Java 安装

（1）验证 Java 安装。如果你的机器上已经安装了 Java，运行如下命令可以看到已安装的 Java 版本信息：

```
java - version
```

（2）下载 JDK。如果没有下载 Java，需访问以下链接并下载最新版 JDK。下载链接为：http://www.oracle.com/technetwork/java/javase/downloads/index.html

目前最新版本是 JDK 10.0.2，文件是"jdk - 10.0.2 - linux - x64_bin.tar.gz"。本书以最新版 JDK10.0.2 为例，讲解如何安装和配置 Java。

（3）提取文件。使用以下命令提取 JDK 文件：

```
tar - zxf jdk - 10.0.2 - linux - x64_bin.tar.gz
```

（4）移动到选择目录。要将 Java 提供给所有用户，需将提取的 Java 内容移动到用户选择的目录中，使用以下命令移动到选择目录：

```
su
password：(type password of root user)
mkdir /opt/jdk
mv jdk - 10.0.2 /opt/jdk/
```

（5）设置路径和环境变量。要设置路径和 JAVA_HOME 变量，需将以下命令添加到～/.bashrc 文件。

```
export JAVA_HOME=/opt/jdk/jdk - 10.0.2
export PATH= $ PATH: $ JAVA_HOME/bin
```

现将所有更改应用到当前运行的系统，执行命令如下：

```
source ～/.bashrc
```

（6）验证 Java 安装是否成功，执行命令如下：

```
java - version
```

2. Zookeeper 安装

（1）下载 Zookeeper。访问以下链接，进入要下载的版本目录，选择"*.tar.gz"文件下载。下载链接为：http://archive.apache.org/dist/zookeeper/。

（2）安装 Zookeeper。使用 tar 解压要安装的目录即可。这里以解压到"/soft/"为例讲解如何安装 Zookeeper(注：请根据需要设置实际安装路径)。执行命令如下：

```
tar - zxvf zookeeper - 3.4.10.tar.gz - C /soft/
mv zookeeper - 3.4.10 zk
```

（3）配置 Zookeeper。在主目录下创建 data 和 logs 两个目录用于存储数据和日志，执行命令如下：

```
cd /soft/zk
mkdir data
mkdir logs
```

在 conf 目录下新建"zoo. cfg"文件，写入以下内容保存：

```
tickTime＝2000
dataDir＝/soft/zk/data
dataLogDir＝/soft/zk/logs
clientPort＝2181
```

（4）集群模式下的 Zookeeper 配置。现有如下三个节点：

```
master：192.168.93.133
node1：192.168.93.134
node2：192.168.93.135
```

三个节点 Zookeeper 的 conf/zoo. cfg 修改如下：

```
tickTime＝2000
dataDir＝/soft/zk/data
dataLogDir＝/soft/zk/logs
clientPort＝2181
```

将第（1）步到第（3）步中安装好的 Zookeeper 打包复制到 node1 和 node2 上，并都解压到同样的目录下。对于 node1 和 node2，由于安装目录都是 zk，所以 dataDir 和 dataLogDir 不需要改变，又由于在不同机器上，所以 clientPort 也不需要改变。因此，此时 node1 和 node2 的"conf/zoo. cfg"的内容与 master 一样即可。

接下来，依次修改三个节点上的 data/myid 文件。

master 节点上的 data/myid 文件修改如下：

```
echo '1' > data/myid
```

node1 节点上的 data/myid 文件修改如下：

```
echo '2' > data/myid
```

node2 节点上的 data/myid 文件修改如下：

```
echo '3' > data/myid
```

（5）启动和停止。进入 bin 目录，启动、停止、重启和查看当前节点状态，分别执行如下：

```
./zkServer. sh start
./zkServer. sh stop
./zkServer. sh restart
./zkServer. sh status
```

输入 jps 显示 QuorumPeerMain 进程说明 Zookeeper 启动成功，如图 5－3 所示：

```
ubuntu@master:/soft/zk/bin$ jps
3169 QuorumPeerMain
3975 Jps
```

图 5－3　查看 QuorumPeerMain 进程

3. Kafka 安装

（1）下载 Kafka。进入要下载的版本的目录，选择".tar.gz"文件下载。下载链接：http://kafka.apache.org/downloads.html。

（2）安装 Kafka。使用 tar 解压要安装的目录即可。这里已解压到"/soft/"目录，实际安装根据需要自行修改（注意：如果修改，则后边的命令和配置文件中的路径都要相应修改）。执行命令如下：

```
tar - zxvf kafka_2.11 - 2.0.0.tgz - C /soft/
mv kafka_2.11 - 2.0.0 kafka
```

（3）Kafka 环境配置。在"/etc/environment"中添加如下配置：

```
JAVA_HOME=/soft/jdk
HADOOP_HOME=/soft/hadoop
ZOOKEEPER_HOME=/soft/zk
KAFKA_HOME=/soft/kafka
PATH    ="/usr/local/sbin:/usr/local/bin:/usr/sbin:/usr/bin:/sbin:/bin:/usr/games:/
usr/local/games:/soft/jdk/bin:/soft/hadoop/bin:/soft/hadoop/sbin:/soft/zk/bin:/soft/
kafka/bin"
```

使环境变量生效：

```
source /etc/environment
```

5.2.2　搭建单机版 Kafka

Kafka 安装成功后，通过修改 Kafka 属性文件实现单机版 Kafka 的搭建。

1. 配置 Kafka 属性文件

/soft/kafka/config/server.properties 修改如下：

```
broker.id=0
listeners=PLAINTEXT://:9092
log.dirs= /soft/kafka/logs/kafka - logs
zookeeper.connect=localhost:2181
```

2. 启动 Kafka

进入 kafka/bin 目录：

```
cd /soft/kafka/bin
```

启动 Kafka，并使其后台运行：

```
kafka - server - start.sh. ./config/server.properties &
```

输入 jps 显示 Kafka 进程，说明 Kafka 启动成功，如图 5-4 所示。

```
ubuntu@master:/soft/kafka/bin$ jps
3169 QuorumPeerMain
4354 Jps
4005 Kafka
```

图 5-4　查看 Kafka 进程

3. 测试单机版 Kafka

（1）创建主题。创建一个分区，并创建一个名为 test 的主题，执行命令如下：

bin/kafka - topics. sh - - create - - zookeeper localhost:2181 - - replication - factor 1 - - partitions 1 - - topic test

　　　Created topic"test".

通过 zk 客户端命令观察 zk 的数据结构，如图 5 - 5 所示。

　　　zkCli. sh - server localhost:2181

```
ent:user.name=ubuntu
2018-09-10 23:41:20,666 [myid:] - INFO [main:Environment@100] - Client environm
ent.home=/home/ubuntu
2018-09-10 23:41:20,666 [myid:] - INFO [main:Environment@100] - Client environm
ent:user.dir=/soft/kafka
2018-09-10 23:41:20,669 [myid:] - INFO [main:ZooKeeper@438] - Initiating client
 connection, connectString=localhost:2181 sessionTimeout=30000 watcher=org.apach
e.zookeeper.ZooKeeperMain$MyWatcher@506c589e
Welcome to ZooKeeper!
2018-09-10 23:41:20,714 [myid:] - INFO [main-SendThread(localhost:2181):ClientC
nxn$SendThread@1032] - Opening socket connection to server localhost/127.0.0.1:2
181. Will not attempt to authenticate using SASL (unknown error)
JLine support is enabled
2018-09-10 23:41:20,901 [myid:] - INFO [main-SendThread(localhost:2181):ClientC
nxn$SendThread@876] - Socket connection established to localhost/127.0.0.1:2181,
 initiating session
2018-09-10 23:41:20,925 [myid:] - INFO [main-SendThread(localhost:2181):ClientC
nxn$SendThread@1299] - Session establishment complete on server localhost/127.0.
0.1:2181, sessionid = 0x165c739c8d50004, negotiated timeout = 30000

WATCHER::

WatchedEvent state:SyncConnected type:None path:null
[zk: localhost:2181(CONNECTED) 0]
```

图 5 - 5　查看 zk 数据结构

　　（2）列出主题，执行命令如下：

　　　bin/kafka - topics. sh - - list - - zookeeper localhost:2181

　　　test

　　（3）发送消息，执行命令如下：

　　　bin/kafka - console - producer. sh - - broker - list localhost:9092 - - topic test

　　　＞hello world

　　　＞how are you

　　　＞

　　（4）接收消息，执行命令如下：

　　　bin/kafka - console - consumer. sh - - bootstrap - server localhost:9092 - - topic test - - from - beginning

　　　hello world

　　　hello world

　　　how are you

5.2.3　搭建多个 Broker 的 Kafka 集群

　　Kafka 安装成功后，通过创建多个 Kafka 服务器配置文件，实现多个 Broker 的 Kafka 集群搭建。

1. 创建多个 server 配置文件

通过执行以下命令创建多个 server 配置文件：

　　cp - a server. properties s1. properties

```
[s1. properties]
broker. id=1
listeners=PLAINTEXT://:9092
log. dir=/soft/kafka/logs/kafka-logs-1
cp -a server. properties s2. properties
[s2. properties]
broker. id=2
listeners=PLAINTEXT://:9093
log. dir=/soft/kafka/logs/kafka-logs-2
cp -a server. properties s3. properties
[s3. properties]
broker. id=3
listeners=PLAINTEXT://:9094
log. dir=/soft/kafka/logs/kafka-logs-3
```

2. 启动 Kafka 集群

通过执行以下命令启动 Kafka 集群后，查看 Kafka 集群进程，如图 5-6 所示。

```
bin/kafka-server-start. sh config/s1. properties&
bin/kafka-server-start. sh config/s2. properties&
bin/kafka-server-start. sh config/s3. properties&
```

图 5-6 查看 Kafka 集群进程

3. 测试 Kafka 集群

（1）创建 3 个主题。通过执行以下命令创建一个分区和三个名称为 my-replicated-topic 的主题。

```
bin/kafka-topics. sh --create --zookeeper localhost:2181 --replication-factor 3 --partitions 1 --topic my-replicated-topic
Created topic"my-replicated-topic".
```

（2）查看主题内容。通过执行下方命令查看对应的主题内容，如图 5-7 所示。

```
bin/kafka-topics. sh --describe --zookeeper localhost:2181 --topic my-replicated-topic
```

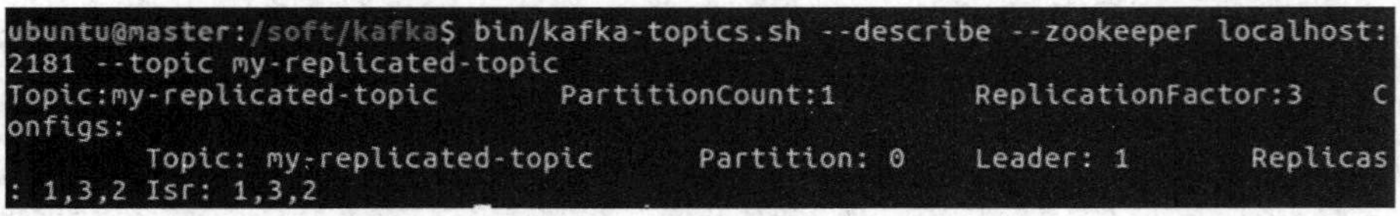

图 5-7 查看主题内容

（3）发送消息，执行命令如下：

```
bin/kafka - console - producer. sh - - broker - list localhost:9092 - - topic my - replicated - topic
>hello world
>how are you
>
```

（4）接收消息，执行命令如下：

```
bin/kafka - console - consumer. sh - - bootstrap - server localhost:9092 - - topic my -
replicated - topic - - from - beginning
```

5.2.4　搭建完全分布式 Kafka 集群

Kafka 安装成功后，通过启动 Zookeeper，创建并配置 Kafka 属性文件，实现完全分布式 Kafka 集群搭建。

1. 启动 Zookeeper

通过如下命令启动 master、node1、node2 的 zk。

```
ssh master /soft/zk/bin/zkServer. sh start
ssh node1 /soft/zk/bin/zkServer. sh start
ssh node2 /soft/zk/bin/zkServer. sh start
```

2. 配置 Kafka 集群

通过如下命令将 master 机器上的 Kafka 文件和环境变量文件拷贝到 node1 和 node2 的机器上。

```
#拷贝 Kafka 文件和环境变量
scp - r /soft/kafka node1:/soft/kafka
scp - r /soft/kafka node2:/soft/kafka
scp /etc/environment node1:/etc/environment
scp /etc/environment node2:/etc/environment
/soft/kafka/config/server. properties 修改如下：
master:
broker. id=100
listeners=PLAINTEXT://:9092
log. dirs=/home/ubuntu/kafka/logs
zookeeper. connect=master:2181,node1:2181,node2:2181
node1:
broker. id=101
listeners=PLAINTEXT://:9092
log. dirs=/home/ubuntu/kafka/logs
zookeeper. connect=master:2181,node1:2181,node2:2181
node2:
broker. id=102
listeners=PLAINTEXT://:9092
log. dirs=/home/ubuntu/kafka/logs
zookeeper. connect=master:2181,node1:2181,node2:2181
```

3. 创建 Kafka 日志目录

通过如下命令创建/home/ubuntu/kafka/logs 目录。

```
mkdir - p /home/ubuntu/kafka/logs
ssh node1 mkdir - p /home/ubuntu/kafka/logs
ssh node2 mkdir - p /home/ubuntu/kafka/logs
```

4. 启动 Kafka 服务器

通过如下命令启动 Kafka 服务器后，查看 Kafka 服务器进程，如图 5 - 8 所示。

```
/soft/kafka/bin/kafka - server - start. sh /soft/kafka/config/server. properties
ssh node1 /soft/kafka/bin/kafka - server - start. sh
/soft/kafka/config/server. properties
ssh node2 /soft/kafka/bin/kafka - server - start. sh
/soft/kafka/config/server. properties
```

```
ubuntu@master:/soft/kafka$ jps
2022 QuorumPeerMain
2103 Kafka
6906 Jps
ubuntu@node1:/soft/kafka$ jps
6177 Jps
1941 QuorumPeerMain
4396 Kafka
ubuntu@node2:/soft/kafka$ jps
4822 Jps
3192 Kafka
1965 QuorumPeerMain
```

图 5 - 8   查看 Kafka 服务器进程

5. 创建主题

通过如下命令创建主题：

```
bin/kafka - topics. sh - - create - - zookeeper ndoe1:2181,node2:2181 - - replication -
factor 3 - - partitions 1 - - topic my - replicated - topic
Created topic"test".
```

6. 发送消息

通过如下命令发送消息：

```
bin/kafka - console - producer. sh - - broker - list node1:9092,node2:9092 - - topic test
>hello world
>how are you
>
```

7. 接收消息

通过如下命令发送消息：

```
bin/kafka - console - consumer. sh - - bootstrap - server node1:9092 - - topic test - -
from - beginning
hello world
how are you
```

5.3 Kafka 应用实例

本节将通过三个实例详细讲解 Kafka 的用法，包括使用 Kafka 生产数据，使用 Kafka 消费数据以及使用 Kafka 实现数据生产和消费的综合实例。

5.3.1 Kafka 生产者实例

下面将使用 Java 客户端创建一个用于发布和使用消息的应用程序。

1. Kafka 生产者说明

（1）类说明。表 5-2 详细列出了 Kafka 生产者类及其说明。

表 5-2 Kafka 生产者类说明

Kafka 生产者类	说　　明
java. util. Properties	它是一个 Hashtable 的子类，用来维护 Kafka 生产者的配置信息
org. apache. kafka. clients. producer . KafkaProducer	它是接口 Producer 的实现类
org. apache. kafka. clients. producer . Producer	Kafka 中的生产者接口类
org. apache. kafka. clients. producer . ProducerRecord	消息的包装类，发往 Kafka 集群
org. apache. kafka. clients. producer . RecordMetadata	Kafka 集群中的分区接收到消息后，会往生产者发送一个响应，这个响应就是一个 RecordMetadata 的示例，包含了消息的 Topic、Partition 和 Offset 等信息

（2）配置说明。表 5-3 详细列出了 Kafka 生产者配置信息。

表 5-3 Kafka 生产者配置说明

Kafka 生产者配置	配　置　说　明
client. id	标识生产者应用程序
producer. type	同步或异步
acks	acks 配置控制生产者请求下的标准是完全的
linger. ms	如果要减少请求数量，可将 linger. ms 设置为大于某个值的东西
key. serializer	序列化器接口的键
value. serializer	值
batch. size	缓冲区大小
buffer. memory	控制生产者可用于缓冲的存储器的总量

2. Java 客户端常用配置

表 5-4 详细列出了 Java 客户端的常用配置及其说明。

表 5 - 4　Java 客户端常用配置

Java 客户端配置	配 置 说 明
bootstrap. servers	broker 服务器集群列表，格式为 host1:port1, host2:port2
key. serializer	定义序列化的接口，建议为 org. apache. kafka. common. serialization. StringSerializer
value. serializer	实现序列化接口的类，建议为 org. apache. kafka. common. serialization. StringSerializer
acks	配置可以设定发送消息后是否需要 Broker 端返回确认
buffer. memory	生产者的缓存容量，如果记录发送比传输到服务器的速度快，要么是生产者阻塞，要么是配置的 block. on. buffer. full 缓存区已满。默认大小为 32 M
linger. ms	Producer 默认会把两次发送时间间隔内收集到的所有 Requests 进行一次聚合再发送，以此提高吞吐量，而 linger. ms 则更进一步，这个参数为每次发送增加一些 delay，以此来聚合更多的 Message

3. Kafka 简单生产者实例

1）安装 Eclipse

进入要下载的 Eclipse 版本目录，选择 64bit Eclipse 下载。下载链接为：https://www. eclipse. org/downloads/packages/，如图 5 - 9 所示。下载后，解压运行 eclipse. exe。

图 5 - 9　Eclipse 下载界面

2）配置 Java 环境

进入 Windows→Preferences→Java→Installed JREs，选择 Add→Next→Directory...，然后选择需要安装的 Java 路径。

3）创建项目

选择 File→New→Maven Project，然后选择需要存放的路径，依次点击 Next，创建 Kafka 生产者项目，再点击 Finish，最后在项目下成功创建实例，如图 5 - 10 所示。

图 5 - 10　Kafka 生产者项目界面

4）添加 Maven 依赖

编辑 pom. xml，将下方内容添加到 pom. xml 中。

```
<! -- https://mvnrepository. com/artifact/org. apache. kafka/kafka - clients -->
    <dependency>
        <groupId>org. apache. kafka</groupId>
        <artifactId>kafka - clients</artifactId>
        <version>0. 10. 0. 1</version>
    </dependency>
    <! -- https://mvnrepository. com/artifact/org. apache. kafka/kafka -->
<dependency>
    <groupId>org. apache. kafka</groupId>
    <artifactId>kafka_2. 11</artifactId>
    <version>0. 10. 0. 1</version>
</dependency>
```

5）SimpleProducer 应用程序

在创建应用程序之前，首先启动 Zookeeper 和 Kafka 代理，然后使用 create topic命令在 Kafka 代理中创建自己的主题。之后，创建一个名为 SimpleProducer. java 的 Java 类，键入以下代码。该代码是将消息 hello world - 1～100 发给主题 test。

```
package com. mykafka;
import java. util. Properties;
import org. apache. kafka. clients. producer. KafkaProducer;
import org. apache. kafka. clients. producer. Producer;
import org. apache. kafka. clients. producer. ProducerRecord;
public class SimpleProducer{
    //创建配置信息
    public static void main(String[] args) {
        Properties props = new Properties();
        props. put("bootstrap. servers", "192. 168. 93. 133:9092");
        props. put("retries", 0);
        props. put("linger. ms", 1);
        props. put("acks", "all");
        props. put("batch. size", 16384);
        props. put("buffer. memory", 333554432);
        props. put("key. serializer", "org. apache. kafka. common. serialization. StringSeri-
alizer");
        props. put("value. serializer", "org. apache. kafka. common. serialization.
StringSerializer");
        Producer<String, String> producer = new KafkaProducer<String,String
>(props);
```

```
for (int i = 0 ; i < 100 ;  i ++)
    producer. send ( new  ProducerRecord < String，String > ("test"，Inte-
ger. toString (i)，"hello world –"+i));
    producer. close();
    }
}
```

使用以下命令编译、执行应用程序。

```
javac – cp "/soft/kafka/lib/ *" * . java
java – cp "/soft/kafka/lib/ *":. SimpleProducer test
```

输出结果如下：

```
hello world – 1
hello world – 3
hello world – 4
hello world – 7
hello world – 8
hello world – 9
hello world – 13
hello world – 14
hello world – 16
...
hello world – 94
hello world – 95
hello world – 98
```

4. Kafka 简单生产者同步加载实例

在创建应用程序之前，首先启动 Zookeeper 和 Kafka 代理，然后使用 create topic 命令在 Kafka 代理中创建自己的主题。之后，创建一个名为 SimpleProducer. java 的 Java 类，键入以下代码。该代码是计算同步加载的时间，并将消息 www –0~4 发送给主题 test。

```
package com. mykafka;
import java. util. Properties;
import org. apache. kafka. clients. producer. Callback;
import org. apache. kafka. clients. producer. KafkaProducer;
import org. apache. kafka. clients. producer. Producer;
import org. apache. kafka. clients. producer. ProducerRecord;
import org. apache. kafka. clients. producer. RecordMetadata;
public class SimpleProducer{
    //创建配置信息
    public static long start ;
        public static void main(String[] args) {
            Properties props = new Properties();
            props. put("bootstrap. servers"，"master:9092");
```

```
        props. put("retries", 0);
        props. put("linger. ms", 1);
        props. put("acks", "all");
        props. put("batch. size", 16384);
        props. put("producer. type", "sync");
        props. put("buffer. memory", 333554432);
        props. put("key. serializer", "org. apache. kafka. common. serialization.
StringSerializer");
        props. put("value. serializer", "org. apache. kafka. common. serialization.
StringSerializer");
        Producer<String, String> producer = new KafkaProducer<String,
String>(props);
        StringBuilder builder = new StringBuilder();
        for(int i = 0 ; i < 1000 ; i ++) {
            builder. append(""+i+",");
        }
        for (int i = 0 ; i < 5 ; i ++) {
            ProducerRecord<String, String> rec = new ProducerRecord<
String, String>("test", Integer. toString (i),"www"+i);
            producer. send(rec,new Callback() {
                public void onCompletion(RecordMetadata metadata, Excep-
tion exception) {
                    System. out . println("received ack : " + (System. cur-
rentTimeMillis () – start ));
                }
            });
            start = System. currentTimeMillis ();
        }
        producer. close();
    }
}
```

输出结果如下：

received ack : 24

received ack : 24

received ack : 24

received ack : 24

received ack : 24

www – 1

www – 3

www – 4

www – 0

www – 2

5. Kafka 简单生产者异步加载实例

在创建应用程序之前，首先启动 Zookeeper 和 Kafka 代理，然后使用 create topic 命令在 Kafka 代理中创建自己的主题。之后，创建一个名为 SimpleProducer. java 的 java 类，然后键入以下代码。该代码是计算异步加载的时间，并将消息 www - 0~4 发送给主题 test。

```java
package com. mykafka;
import java. util. Properties;
import org. apache. kafka. clients. producer. Callback;
import org. apache. kafka. clients. producer. KafkaProducer;
import org. apache. kafka. clients. producer. Producer;
import org. apache. kafka. clients. producer. ProducerRecord;
import org. apache. kafka. clients. producer. RecordMetadata;
public class SimpleProducer3{
    //创建配置信息
    public static long start ;
        public static void main(String[] args) {
            Properties props = new Properties();
            props. put("bootstrap. servers", "master:9092");
            props. put("retries", 0);
            props. put("linger. ms", 1);
            props. put("acks", "all");
            props. put("batch. size", 16384);
            props. put("producer. type", "async");
            props. put("buffer. memory", 333554432);
            props. put("key. serializer", "org. apache. kafka. common. serialization.
StringSerializer");
            props. put("value. serializer", "org. apache. kafka. common. serialization.
StringSerializer");
            Producer<String, String> producer = new KafkaProducer<String,
String>(props);
            StringBuilder builder = new StringBuilder();
            for(int i = 0 ; i < 1000 ; i ++ ){
                builder. append(""+i+",");
            }
            for (int i = 0 ; i < 5 ; i ++ ) {
                ProducerRecord< String, String> rec = new ProducerRecord<
String, String>("test", Integer. toString (i),"www"+i);
                    producer. send(rec,new Callback() {
                        public void onCompletion(RecordMetadata metadata, Exception
exception) {
                            System. out . println("receiveed ack : " + (System. current
```

```
                        TimeMillis () – start ));
                                     }
                                 });
                        start = System. currentTimeMillis ();
                    }
                producer. close();
            }
        }
```

输出结果如下：

received ack：20

received ack：20

received ack：20

received ack：20

received ack：20

www – 1

www – 3

www – 4

www – 0

www – 2

5.3.2　Kafka 消费者实例

到目前为止，我们已经使用 Java 客户端创建了一个发送消息到 Kafka 集群的生产者。现在让我们创建一个消费者来消费 Kafka 集群的消息。

1. Kafka 消费者说明

（1）类说明。表 5 – 5 详细列出了 Kafka 消费者类及其说明。

表 5 – 5　Kafka 消费者类说明

Kafka 消费者类	说　　明
java. util. Properties	一个 Hashtable 的子类，用来维护 Kafka 消费者的配置信息
java. util. Collections	集合结构的根接口，定义了所有集合类型都应该提供的基础方法
org. apache. kafka. clients. consumer. ConsumerRecord	从 Kafka 接收的 key/value，包括主题名称和分区号，从中接收记录，以及指向 Kafka 分区中的记录的偏移量
org. apache. kafka. clients. consumer. ConsumerRecords	为特定主题保存每个分区的列表消费记录的容器。有一个消费记录列表，用于由消费者 . Pull(long)操作返回的每个主题分区
org. apache. kafka. clients. consumer. KafkaConsumer	从 Kafka 集群中消耗记录的客户端

（2）配置说明。表5-6详细列出了Kafka消费者配置及其说明。

表5-6 Kafka 消费者配置说明

Kafka 消费者配置	配 置 说 明
bootstrap. servers	用于建立与 Kafka 集群初始连接的主机/端口对列表。无论此处指定哪些服务器进行引导，客户端都将使用所有服务器。此列表仅影响用于发现整套服务器的初始主机。此列表应该在表单中 host1:port1，host2:port2...
group. id	唯一字符串，用于标识此使用者所属的使用者组。如果使用者使用组管理功能
enable. auto. commit	如果为 true，则消费者的偏移量将在后台定期提交
auto. commit. interval. ms	消费者偏移自动提交到 Kafka 的频率
session. timeout. ms	用于检测工作人员故障的超时。工作人员定期发送心跳指示其对经纪人的活跃程度。如果在此会话超时到期之前代理没有收到心跳，则代理将从该组中删除该工作程序并启动重新平衡。请注意，该值必须在代理配置中配置允许范围内 group. min. session. timeout. msand
key. deserializer	实现 org. apache. kafka. common. serialization. Deserializer 接口的密钥的反序列化器类
value. deserializer	用于实现 org. apache. kafka. common. serialization. Deserializer 接口的值的反序列化器类

（3）Java 客户端常用配置。表5-7详细列出了 Java 客户端的常用配置及其说明。

表5-7 Java 客户端常用配置

Java 客户端配置	配 置 说 明
bootstrap. servers	Broker 服务器集群列表，格式为 host1:port1，host2:port2
key. serializer	定义序列化的接口，建议为 org. apache. kafka. common. serialization. StringSerializer
value. serializer	实现序列化接口的类，建议为 org. apache. kafka. common. serialization. StringSerializer
acks	配置可以设定发送消息后是否需要 Broker 端返回确认
buffer. memory	生产者的缓存容量，如果记录发送比传输到服务器的速度快，要么是生产者阻塞，要么是配置的 block. on. buffer. full 缓存区已满。默认大小为 32 M
linger. ms	Consumer 默认会把两次发送时间间隔内收集到的所有 Requests 进行一次聚合后再发送，以此提高吞吐量，而 linger. ms 则更进一步，这个参数为每次发送增加一些 delay，以此来聚合更多的 Message

2. Kafka 消费者实例

1）安装 Eclipse

进入要下载的 Eclipse 版本目录，选择 64 bit Eclipse 下载。下载链接为：https://www.eclipse.org/downloads/packages/，如图 5-11 所示。下载后，解压运行 eclipse.exe。

图 5-11 Eclipse 下载界面

2）配置 Java 环境

进入 Windows→Preferences→Java→Installed JREs，选择 Add→Next→Directory...，然后选择需要的 Java 路径。

3）创建项目

选择 File→New→Maven Project，然后选择存放项目的路径，依次点击 Next，创建 Kafka 消费者项目，再点击 Finish，在项目下成功创建实例，如图 5-12 所示。

```
∨ 📂 mykafka
  ∨ 🗁 src/main/java
    ∨ ⊞ com.mykafka
```

图 5-12 Kafka 消费者项目界面

4）添加 Maven 依赖

编辑 pom.xml，将下方内容添加到 pom.xml 文件中。

```
<!-- https://mvnrepository.com/artifact/org.apache.kafka/kafka-clients -->
<dependency>
    <groupId>org.apache.kafka</groupId>
    <artifactId>kafka-clients</artifactId>
    <version>0.10.0.1</version>
</dependency>
    <!-- https://mvnrepository.com/artifact/org.apache.kafka/kafka -->
<dependency>
    <groupId>org.apache.kafka</groupId>
    <artifactId>kafka_2.11</artifactId>
    <version>0.10.0.1</version>
</dependency>
```

5）SimpleConsumer 应用程序

在创建应用程序之前，首先启动 Zookeeper 和 Kafka 代理，然后使用 create

topic 命令在 Kafka 代理中创建自己的主题。之后，创建一个名为 Simple-Consumer. java 的 Java 类，键入以下代码。该代码是输出生产者输入的消息。

```java
package com. mykafka;
import java. util. Collections;
import java. util. Properties;
import org. apache. kafka. clients. consumer. ConsumerRecord;
import org. apache. kafka. clients. consumer. ConsumerRecords;
import org. apache. kafka. clients. consumer. KafkaConsumer;
public class SimpleConsumer1 {
    public static void main(String[] args) {
        Properties props = new Properties();
        props. put("bootstrap. servers", "master:9092");
        //每个消费者分配独立的组号
        props. put("group. id", "test");
        //如果 value 合法，则自动提交偏移量
        props. put("enable. auto. commit", "true");
        //设置多久一次更新被消费消息的偏移量
        props. put("auto. commit. interval. ms", "1000");
        //设置会话响应的时间，超过这个时间 Kafka 可以选择放弃消费或者消费
下一条消息
        props. put("session. timeout. ms", "30000");
        props. put("key. deserializer",
"org. apache. kafka. common. serialization. StringDeserializer");
        props. put("value. deserializer",
"org. apache. kafka. common. serialization. StringDeserializer");
        KafkaConsumer<String, String> consumer = new KafkaConsumer<>(props);
consumer. subscribe(Collections. singletonList("test"));
        System. out. println("Subscribed to topic " + "test");
        int i = 0;
        while (true) {
            ConsumerRecords<String, String> records = consumer. poll(100);
            for (ConsumerRecord<String, String> record : records)
                //打印消费者记录的偏移量、键、值
                System. out. printf("offset = %d, key = %s, value = %s\n",
                    record. offset(), record. key(), record. value());
        }
    }
}
```

虚拟机输入：

```
>bin/kafka - console - producer. sh - - broker - list master:9092 - - topic test
hello world - 1
hello world - 3
hello world - 4
```

```
hello world - 7

hello world - 8

hello world - 9

. . .

hello world - 82

hello world - 83

hello world - 85

hello world - 86

hello world - 89

hello world - 91

hello world - 93

hello world - 94

hello world - 95

hello world - 98

www - 1

www - 3

www - 2

www - 0

www - 4
```

输出结果如下：

```
offset = 132, key = 1, value = hello world - 1

offset = 133, key = 3, value = hello world - 3

offset = 134, key = 4, value = hello world - 4

offset = 135, key = 7, value = hello world - 7

offset = 136, key = 8, value = hello world - 8

offset = 137, key = 9, value = hello world - 9

. . .

offset = 174, key = 82, value = hello world - 82

offset = 175, key = 83, value = hello world - 83

offset = 176, key = 85, value = hello world - 85

offset = 177, key = 86, value = hello world - 86

offset = 178, key = 89, value = hello world - 89

offset = 179, key = 91, value = hello world - 91

offset = 180, key = 93, value = hello world - 93

offset = 181, key = 94, value = hello world - 94

offset = 182, key = 95, value = hello world - 95

offset = 183, key = 98, value = hello world - 98

offset = 184, key = 1, value = www - 1

offset = 185, key = 3, value = www - 3
```

offset = 185,key = 2,value = www - 2

offset = 186,key = 0,value = www - 0

offset = 186,key = 4,value = www - 4

5.3.3　Kafka 生产者与消费者综合实例

本节将重点讲解 Kafka 使用 Java 客户端实现数据的生产与消费应用。

1. Kafka 术语说明

表 5-8 详细列出了 Kafka 的常用术语及其说明。

表 5-8　Kafka 术语说明

Kafka 术语	术 语 说 明
Broker	Kafka 集群包含一个或多个服务器,这种服务器被称为 Broker
Topic	每条发布到 Kafka 集群的消息都有一个类别,这个类别被称为 Topic。物理上不同 Topic 的消息分开存储,逻辑上一个 Topic 的消息虽然保存于一个或多个 Broker 上,但用户只需指定消息的 Topic 即可生产或消费数据而不必关心数据存于何处
Partition	Partition 是物理上的概念,每个 Topic 包含一个或多个 Partition
Producer	负责发布消息到 Kafka Broker
Consumer	消息消费者,向 Kafka Broker 读取消息的客户端
Consumer Group	每个 Consumer 属于一个特定的 Consumer Group(可为每个 Consumer 指定 group name,若不指定 group name 则属于默认的 group)

2. Kafka 生产者配置说明

表 5-9 详细列出了 Kafka 生产者配置及其说明。

表 5-9　Kafka 生产者配置说明

Kafka 生产者配置	配 置 说 明
bootstrap. servers	Kafka 的地址
acks	消息的确认机制,默认值是 0 acks=0:如果设置为 0,生产者不会等待 Kafka 的响应 acks=1:这个配置意味着 Kafka 会把这条消息写到本地日志文件中,但是不会等待集群中其他机器的成功响应 acks=all:这个配置意味着 leader 会等待所有的 follower 同步完成这个确保消息不会丢失,除非 Kafka 集群中所有机器挂掉。这是最强的可用性保证

续表

Kafka 生产者配置	配 置 说 明
retries	配置大于 0 时，客户端会在消息发送失败时重新发送
batch. size	当多条消息需要发送到同一个分区时，生产者会尝试合并网络请求。这会提高客户端和生产者的效率
key. serializer	键序列化，默认 org. apache. kafka. common. serialization. String Deserializer
value. deserializer	值序列化，默认 org. apache. kafka. common. serialization. String Deserializer

3. Kafka 消费者配置说明

表 5-10 详细列出了 Kafka 消费者配置及其说明。

表 5-10　Kafka 消费者配置说明

Kafka 消费者配置	配 置 说 明
bootstrap. servers	Kafka 的地址
group. id	组名。不同组名可以重复消费
enable. auto. commit	是否自动提交，默认为 true
auto. commit. interval. ms	自动提交间隔。范围：[0,Integer. MAX]，默认值是 5000(5 s)
session. timeout. ms	超时时间
max. poll. records	一次最大获取的条数
auto. offset. reset	消费规则，默认 earliest
earliest	当各分区下有已提交的 offset 时，从提交的 offset 开始消费；无提交的 offset 时，从头开始消费
latest	当各分区下有已提交的 offset 时，从提交的 offset 开始消费；无提交的 offset 时，消费新产生的该分区下的数据
none	topic 各分区都存在已提交的 offset 时，从 offset 后开始消费；只要有一个分区不存在已提交的 offset，则抛出异常
key. serializer	键序列化，默认 org. apache. kafka. common. serialization. String Deserializer
value. deserializer	值序列化，默认 org. apache. kafka. common. serialization. String Deserializer

4. Java 环境配置

1）安装 Eclipse

进入要下载的 Eclipse 版本目录，选择 64bit Eclipse 下载。下载链接为：https://www.eclipse.org/downloads/packages/，如图 5-13 所示。下载后，解压运行 eclipse.exe。

图 5-13　Eclipse 下载界面

2）配置 Java 环境

进入 Windows→Preferences→Java→Installed JREs，选择 Add→Next→Directory...，然后选择需要的 Java 路径。

3）创建项目

选择 File→New→Maven Project，然后选择存放项目的路径，依次点击 Next，创建 Kafka 生产者与消费者综合项目，再点击 Finish，最后在项目下成功创建实例，如图 5-14 所示。

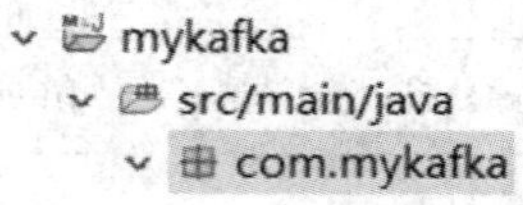

图 5-14　Kafka 生产者与消费者项目界面

4）添加 Maven 依赖

编辑 pom.xml，将下方内容添加到 pom.xml 中。

```
<!-- https://mvnrepository.com/artifact/org.apache.kafka/kafka-clients -->
    <dependency>
        <groupId>org.apache.kafka</groupId>
        <artifactId>kafka-clients</artifactId>
        <version>0.10.0.1</version>
    </dependency>
        <!-- https://mvnrepository.com/artifact/org.apache.kafka/kafka -->
<dependency>
        <groupId>org.apache.kafka</groupId>
        <artifactId>kafka_2.11</artifactId>
        <version>0.10.0.1</version>
    </dependency>
```

5. Kafka 生产者和消费者综合实例

在创建应用程序之前，首先启动 Zookeeper 和 Kafka 代理，然后使用 create topic 命令在 Kafka 代理中创建自己的主题。之后，创建一个名为 KafkaProducerConsumerTest. java 的 Java 类，然后键入以下代码。该代码首先将消息"你好，这是第 1~1000 条数据"发送到 Kafka 集群中，然后消费者消费这些信息。

```java
package com.mykafka;
import java.util.Properties;
import org.apache.kafka.clients.producer.KafkaProducer;
import org.apache.kafka.clients.producer.ProducerRecord;
import org.apache.kafka.common.serialization.StringSerializer;
import java.util.Arrays;
import org.apache.kafka.clients.consumer.ConsumerRecord;
import org.apache.kafka.clients.consumer.ConsumerRecords;
import org.apache.kafka.clients.consumer.KafkaConsumer;
import org.apache.kafka.common.serialization.StringDeserializer;
public class KafkaProducerConsumerTest implements Runnable {
    private final KafkaProducer<String, String> producer;
    private final String topic;
    public static void main(String args[]) {
        KafkaProducerConsumerTest test = new KafkaProducerConsumerTest("my_test");
        Thread thread = new Thread(test);
        thread.start();
        KafkaConsumerTest test1 = new KafkaConsumerTest("my_test");
        Thread thread1 = new Thread(test1);
        thread1.start();
    }
    public KafkaProducerConsumerTest(String topicName) {
        Properties props = new Properties();
        props.put("bootstrap.servers", "master:9092,node1:9092,node2:9092");
        props.put("acks", "all");
        props.put("retries", 0);
        props.put("batch.size", 16384);
        props.put("key.serializer", StringSerializer.class.getName());
        props.put("value.serializer", StringSerializer.class.getName());
        this.producer = new KafkaProducer<String, String>(props);
        this.topic = topicName;
```

```
            }

    @Override
    public void run() {
        int messageNo = 1;
        try {
            for (; ; )
            {
                String messageStr = "你好，这是第" + messageNo + "条数据";
                producer.send(new ProducerRecord<String, String>(topic, "Message",
                messageStr));
                // 生产 100 条就打印
                if (messageNo % 100 == 0)
                {
                    System.out.println("发送的信息:" + messageStr);
                }
                // 生产 1000 条就退出
                if (messageNo % 1000 == 0)
                {
                    System.out.println("成功发送了" + messageNo + "条");
                    break;
                }
                messageNo++;
            }
        } catch (Exception e)
        {
            e.printStackTrace();
        } finally
        {
            producer.close();
        }
    }
}
class KafkaConsumerTest implements Runnable {
    private final KafkaConsumer<String, String> consumer;
    private ConsumerRecords<String, String> msgList;
    private final String topic;
```

```java
private static final String GROUPID = "groupA";
public KafkaConsumerTest(String topicName) {
    Properties props = new Properties();
    props.put("bootstrap.servers", "master:9092,node1:9092,node2:9092");
    props.put("group.id", GROUPID);
    props.put("enable.auto.commit", "true");
    props.put("auto.commit.interval.ms", "1000");
    props.put("session.timeout.ms", "30000");
    props.put("auto.offset.reset", "earliest");
    props.put("key.deserializer", StringDeserializer.class.getName());
    props.put("value.deserializer", StringDeserializer.class.getName());
    this.consumer = new KafkaConsumer<String, String>(props);
    this.topic = topicName;
    this.consumer.subscribe(Arrays.asList(topic));
}

@Override
public void run() {
    int messageNo = 1;
    System.out.println("- - - - - -开始消费- - - - - -");
    try {
        for (;;)
        {
            msgList = consumer.poll(1000);
            if (null != msgList && msgList.count() > 0)
            {
                for (ConsumerRecord<String, String> record : msgList)
                {
                    // 消费 100 条打印，但打印的数据不一定是这个规律
                    if (messageNo % 100 == 0)
                    {
                        System.out.println(messageNo + "========
                        receive: key = " + record.key() + ", value = "
                            + record.value() + " offset===" + record.offset());
                    }
                    // 消费 1000 条就退出
                    if (messageNo % 1000 == 0)
```

```
                    {
                        break;
                    }
                    messageNo++;
                }
            } else {
                Thread. sleep (1000);
            }
        }
    } catch (InterruptedException e) {
        e. printStackTrace();
    } finally {
        consumer. close();
    }
}
}
```

输出结果如下：

－－－－－－开始消费－－－－－－

发送的信息：你好，这是第 100 条数据

发送的信息：你好，这是第 200 条数据

发送的信息：你好，这是第 300 条数据

发送的信息：你好，这是第 400 条数据

发送的信息：你好，这是第 500 条数据

发送的信息：你好，这是第 600 条数据

发送的信息：你好，这是第 700 条数据

发送的信息：你好，这是第 800 条数据

发送的信息：你好，这是第 900 条数据

发送的信息：你好，这是第 1000 条数据

成功发送了 1000 条

100＝＝＝＝＝＝＝receive：key ＝ Message, value ＝你好，这是第 100 条数据 offset＝＝＝99

200＝＝＝＝＝＝＝receive：key ＝ Message, value ＝你好，这是第 200 条数据 offset＝＝＝199

300＝＝＝＝＝＝＝receive：key ＝ Message, value ＝你好，这是第 300 条数据 offset＝＝＝299

400＝＝＝＝＝＝＝receive：key ＝ Message, value ＝你好，这是第 400 条数据 offset

===399

500＝＝＝＝＝＝＝receive：key ＝ Message，value ＝你好，这是第 500 条数据 offset
===499

600＝＝＝＝＝＝＝receive：key ＝ Message，value ＝你好，这是第 600 条数据 offset
===599

700＝＝＝＝＝＝＝receive：key ＝ Message，value ＝你好，这是第 700 条数据 offset
===699

800＝＝＝＝＝＝＝receive：key ＝ Message，value ＝你好，这是第 800 条数据 offset
===799

900＝＝＝＝＝＝＝receive：key ＝ Message，value ＝你好，这是第 900 条数据 offset
===899

1000＝＝＝＝＝＝＝receive：key ＝ Message，value ＝你好，这是第 1000 条数据
offset＝＝＝999

Kafka 集群中：

bin/kafka － console － consumer. sh － － bootstrap － server master：9092，node1：9092，
node2：9092 － － topic my_test － － from － beginning
你好，这是第 1 条数据
你好，这是第 2 条数据
你好，这是第 3 条数据
你好，这是第 4 条数据
你好，这是第 5 条数据
你好，这是第 6 条数据
你好，这是第 7 条数据
你好，这是第 8 条数据
你好，这是第 9 条数据
你好，这是第 10 条数据
...
你好，这是第 990 条数据
你好，这是第 991 条数据
你好，这是第 992 条数据
你好，这是第 993 条数据
你好，这是第 994 条数据
你好，这是第 995 条数据
你好，这是第 996 条数据
你好，这是第 997 条数据
你好，这是第 998 条数据
你好，这是第 999 条数据
你好，这是第 1000 条数据

本章小结

本章主要讲述大数据实时采集技术 Kafka 的概念、架构、安装和应用。首先讲述了 Kafka 的基本概念、特点和架构；然后详细介绍了如何安装和部署Kafka；最后通过三个具体实例阐述了 Kafka 在大数据实时采集中的应用。

课后作业

一、名词解释

1. 什么是"Producer"？
2. 什么是"Consumer"和"Consumer Group"？
3. 什么是"Topic"？
4. 什么是"Broker"？
5. 什么是"Partition"？

二、简答题

1. 请说明什么是 Apache Kafka？Kafka 的主要特点是什么？
2. Kafka 的 Zookeeper 是什么？是否可以在没有 Zookeeper 的情况下使用 Kafka？
3. Kafka 相对传统技术有什么优势？
4. 简述 Kafka 的基本架构。
5. Kafka 的用户如何消费数据？

三、编程题

1. 使用 Java 实现 Kafka 生产数据。
2. 使用 Java 实现 Kafka 消费数据。

## 第6章

态势感知——舆情热点大数据平台中的数据采集技术

◆ 学习目标

熟悉舆情热点数据采集相关概念；

掌握舆情热点数据采集的步骤和方法；

熟练使用大数据采集技术解决舆情热点数据采集问题。

◆ 本章重点

舆情热点数据采集需求分析；

舆情热点数据采集设计；

舆情热点数据采集实现。

本章以真实项目贵州省舆情热点大数据平台为依托，将详细阐述大数据采集技术在大数据的采集、抽取、清洗、过滤等方面的实际应用。首先，以贵州省舆情热点新闻数据为基础，采用爬虫技术实现大数据的采集。其次，采用大数据平台上的 Datax 技术，实现本地数据导入平台数据库的抽取操作。最后，采用大数据平台上的 Kettle 技术，对大数据平台上已有数据进行清洗、过滤等操作，为政务人员提供真实、有效的舆情热点数据，方便后续的舆情分析、监控等操作。

6.1 项目背景

随着互联网和自媒体的发展，公众可以更加自由地在网络上对公共事务发表言论和看法，反映公众对现实社会中各种现象所持的政治信念、态度、意见和情绪。各级政府部门越来越关注公众舆论，希望能够及时掌握舆论动向，快速分析舆论趋势，并积极引导舆论走向，维护社会稳定，真正做到关注民生、重视民生、保障民生、改善民生。

通过对所关注的民生问题进行分类，获取数据内容并进行整合以供分析统计，及时全面地了解公众对公共事务的看法以及对各项政务执法和管理工作的满意度。将舆情数据分析结果生成数据报表展示给各级领导，使其对公共监督情况了然于胸，反向推动各部门工作人员服务质量的改进、提升。

6.2 舆情热点大数据平台数据采集需求分析

研究舆情热点大数据平台，通过主动从互联网上提取相关的舆情信息，收集整理国内外重点的舆论网站、论坛、微博、微信公众号等作为搜索对象，利用DANA大数据开发平台建设和提供品牌、口碑、行业动态、热点事件、民生民意等的全网监测，并提供正负面情感倾向分析、网络热点提取、生成舆情分析报告以及危机预警的网络舆情服务。针对舆情热点大数据采集需求分析，本节主要从项目目标、项目意义、项目特色、项目准备工作和项目需求分析方面进行详细阐述。

6.2.1 项目目标与意义

利用爬虫技术获取的各种信息，如果不加以分析处理，就会显得杂乱无章，无助于准确掌握公众对运管局业务系统的意见建议。因此对于舆情数据，首先要能够根据关键词的出现频率进行排序，并将出现频率较高的关键词进行展示。需要实现以下几个功能：

(1) 将最常见的关键词通过图表的方式统计出现次数及比率。

(2) 手动添加用于统计的关键词。

(3) 添加关键词过滤，令该关键词不被统计。

(4) 手动设置数据来源范围。

(5) 按照时间段设置来展示高频关键词的出现趋势。

舆情热点大数据融合平台利用大数据技术的海量数据收集、搜索、分析、处理能力解决对舆论的监测分析，其主要应用价值如下：

(1) 帮助用户在海量数据中找到最有价值的舆情信息，分析各条舆情的热度，分析各条舆情的传播路径、传播时间，做到舆情能追溯到源头，通过评估其影响范围和影响程度进行级别分类，发出预警。

(2) 根据舆情影响程度进行级别分类，实现对于错误认识与非理性评价舆情的主动引导，对于信息不完整或部分失实舆情的事实还原，对于信息严重失实并恶意攻击舆情的强化控制。

(3) 保证 7×24 小时不间断实时监测，第一时间掌握重大舆情，深度挖掘分析、全面掌握社情民意，帮助政府部门在出台社会规范和政策时，避免个人意志带来的主观性、片面性和局限性，减少因缺少数据支撑而带来的偏差，降低决策风险。

（4）帮助地方政府建立起一套预警机制，引导舆论的高低，形成意见领袖，在危机面前，发出有理有力的声音，从而化"危机"为"转机"，达到善治的目的。

6.2.2　项目特色

舆情热点大数据融合平台利用大数据技术的海量数据收集、清洗、搜索、分析、可视化、处理能力解决对舆论的监测分析，其项目特色如下：

（1）全网监测。舆情大数据平台的监测范围覆盖全网，不仅包括新闻、博客、论坛、评论等传统网络媒体，也包括新浪微博、腾讯微博、微信等各种新媒体，同时也对百度、谷歌、搜狗等主流搜索引擎进行实时监控。

（2）多主题舆情分析。

① 社交媒体互动效果分析：对用户参与话题的互动情况、转发官微账号数量、@官微账号数量、被评论及转发的文章排行、受众状态等进行分析，赋予相应的权重值显示排行状况以了解用户参与情况。

② 热门事件分析：对于微博话题、转发内容的关键词进行识别分析，可及时发现敏感事件，同时获取与事件相关的信息详情，判断其扩散影响程度，以做到在海量微博信息中实时监控，及时抓取有价值的信息。

③ 传播轨迹分析：某对象在社交网络上的传播过程会生成其传播路径，通过对信息源的追溯，可自动生成传播路径图，可通过环状、树状等方式展现。

④ 潜在关系挖掘：深入挖掘分析人与人、事与事、人与事之间的关系，自动生成关系图，可综合所有信息分析追溯到事件最早源头。

⑤ 传播效果评估：通过分析话题传播路径、舆论发生地点来分析传播范围和目标受众是否符合预期效果，深度挖掘网民潜在需求和关注点，帮助政企合作获得长远发展和持续竞争活力。

（3）多途径舆情展示。以大数据可视化的方式，将舆情分析结果以多种途径进行展示。

① 以云标签的形式展示频繁出现的关键词。

② 经过特定的情感算法、规则的筛选把相关业务的正负面舆论消息、投诉建议等进行整合分析，展示舆情趋势变化，便于查阅详细内容。

6.2.3　项目准备

本项目采用上海德拓信息技术股份有限公司自主研发的 DANA Studio 数智开发平台对政务舆情热点数据进行大数据采集。

1. 项目环境准备

DANA Studio 智能大数据开发平台为了帮助用户智能化地收集、存储、分类、处理、分享、可视、连接和应用数据，以数据为中心建立便捷的应用框架，将数据的管理从独立的应用中剥离出来，放入到数据智能平台中，将自身数据智能工具转换为一种开放平台能力，标准化地应用部署方案，开放给更多的技术、产品创造者，更好地服务用户的大数据。同时，DANA Studio 主要针对结构化、半结构化和非结构数据做一些抽取融合、存储、计算分析的开发以及对这些任务实现统一的运维管理。多样化的开发组件适应不同场景，搭配高度自由的 DAG 工作流和强大的作业调度、运维面板，让 DANA Studio 成为助力大数据项目快速实施、交付的利器。另外，它还是一个支持多用户操作的开发平台，用于实现大数据项目的快速开发。

2. 浏览器要求

DANA Studio 采用谷歌浏览器作为平台管理页面，管理平台也支持其他的浏览器，如表 6 - 1 所示。

表 6 - 1　浏览器要求

浏览器	版本号
Google Chrome（推荐）	55.0.2883.87 以上
FireFox	36.0 及以上

3. 数据集准备

本案例主要使用的数据集是通过网络爬虫技术从网上爬取政务相关新闻信息到本地，以 CSV 格式文件进行存储，数据集的具体要求如表 6 - 2 所示。

表 6 - 2　数据集要求

数据项	文件数（CSV）	数据质量
政务新闻信息	1	政务新闻标题、内容、时间等

6.2.4　项目需求分析

舆情热点大数据平台通过主动从互联网上提取相关的舆情信息，收集整理国内外重点的舆论网站、论坛、微博和微信公众号等作为搜索对象，利用 DANA 大数据开发平台建设和提供品牌、口碑、行业动态、热点事件、民生民意等的全网监测，并提供正负面情感倾向分析、网络热点提取、生成舆情分析报告以及危机预警的网络舆情服务。针对舆情热点的大数据采集需求，主要包括如下几个方面：

（1）舆情数据收集。通过对所关注的民生问题进行分类，使用网络爬虫技术针对相关业务关键词从相应的网站、微博、论坛上进行搜索查找，将爬取到的数据内容汇聚到平台中进行整合以供分析统计，及时全面地了解公众对公共事务的看法及对各项政务执法和管理工作的满意度。

（2）舆情数据存储。将获取的舆情热点数据通过 Datax 技术导入到平台数据库中进行存储，以供后续分析统计，使公众对公共监督情况了然于胸，反向推动各部门工作人员服务质量的改进、提升。

（3）舆情数据清洗。通过 Kettle 技术对舆情热点大数据平台上存储的舆情数据进行清洗、过滤等处理，以便后续数据分析以及更好地展示报告内容。

6.3 舆情热点大数据平台数据采集设计与实现

舆情热点大数据采集项目的具体实现过程如图 6-1 所示。

（1）打开浏览器，搜索舆情热点新闻数据。

（2）采用爬虫技术获取舆情数据，存入".CSV"文件，实现数据的采集。

（3）使用 Datax 技术导入舆情热点数据 CSV 文件到大数据平台，实现数据的抽取。

（4）使用 Kettle 技术对舆情热点数据进行清洗、过滤等操作，实现数据的清洗。

（5）查看大数据平台数据库，显示真实、有效的舆情热点数据，实现数据的展示。

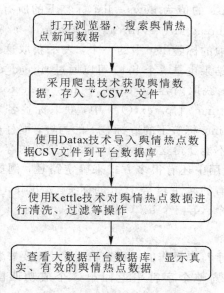

图 6-1 舆情热点大数据采集流程

6.3.1 舆情热点数据采集

1. 爬虫技术

1）爬虫环境

爬虫环境使用 Python 3.6 版本，依赖模块包括 requests 和 lxml 两部分。

（1）requests：http 请求库，它的使用方法介绍如下：

① requests 是 Python 实现的最简单易用的 HTTP 库。安装好 Python 后，若没有安装 requests 模块，需要单独通过 pip 安装。

② requests 的基本 GET 请求为：response = requests. get(url, headers = self. headers, timeout=5)。其中 url 为请求的链接；headers 为访问网站需要的头部信息，可在浏览器中获取，有些网站的 headers 中需要有 Host 值才能访问；

timeout 为超时时间。

③ 根据 response 的状态码判断请求是否成功，200 为请求成功。

④ response. encoding = $'utf-8'$，根据网页的编码方式进行 encoding，否则一些编码会出现错乱。

⑤ html = response. text，html 为网页源代码，可以通过正则在 html 中获取网页内容；selector = etree. HTML(html)，可以对 selector 使用 xpath 方法来获取网页内容。

（2）lxml：HTML 和 XML 的解析库。

① xpath 是专门在 XML 文件中选择节点的语言，也可以用在 HTML 上。xpath 的功能非常强大，内含超过 100 个的内建函数。

② 通常在 xpath 中使用相对路径，通过标签名和属性来定位。获取标签 thread_list = thread_selector. xpath$('//ul[@class="news-list"]/li')$ 中，获取标签名为 ul，属性 class 的值为 news - list 标签下的所有 li 标签，结果为一个 list。获取属性的值：thread_url = thread_li. xpath$('. /a/@href')$ 中，thread_li 为上面 thread_list 获取的标签 list 中的一个，表示获取这个 thread_li 下的 a 标签中 href 属性的值，结果也是一个 list，可以通过 thread_url = thread_url[0] 来获取字符串格式的值。获取内容 posttime = post_selector. xpath$('//span[contains(@class,"post-time")]/p/text()')$ 中，获取标签名为 span，属性 class 的值包含字符串 post - time 标签下的 p 标签下的内容，同样获得一个 list。只能获得这一标签的内容而不能获得这一标签下面的标签的内容。

③ 在 xpath 的使用中还有很多方式来确定路径，例如：$//*[@id="id"]$，使用相对路径查找所有的属性 id 等于 id 的标签。$//li[last()]$、$//li[last()-1]$，分别为查找倒数第一个、第二个 li。

2）正则表达式

正则表达式是对字符串操作的一种逻辑公式。需要安装 re 模块。

（1）re. search 扫描整个字符串返回第一个成功匹配的结果。content = re. search$('class="entry-content". *? \>(. *?)\<div class="entry-attach"\>'$, post_html, re. DOTALL)这一语句中，第一部分$'class="entry-content". *? \>(. *?)\<div class="entry-attach"\>'$为匹配的正则表达式；第二部分 post_html 为正则表达式 search 的对象；第三部分 re. DOTALL 指定了 DOTALL标签，则". "表示匹配包括换行符的任意字符；若没有指定 DOTALL 标签，则". "默认表示匹配除了换行的任意字符。若这一语句能获取到数据，运行 content = content. group(1)，即可获取匹配的文本内容。

（2）re. compile 将正则表达式编译成正则表达式对象，方便复用该正则表达式。gender_122gov_host = re. compile$('(. *\/)'$, re. S)这一语句中，第一部分$'(. *\/)'$为正则表达式；第二部分 re. S 表示匹配换行的内容。这样就可以在程序中通过调用 gender_122gov_host 来使用这一表达式。

（3）re. findall 搜索字符串，以列表的形式返回全部能匹配的子串。currentlypage = self. gender_gzsggj_currentlyPage. findall(thread_html)这一语句中，

通过调用 gender_gzsggj_currentlyPage 的表达式，在 thread_html 获取匹配得到字符串列表。

正则表达式中常用的符号表示如下：

例如，在字符串 https://www.cnblogs.com/zhaof/p/6925674.html 中，使用表达式 https://(.*?)/(\w+)/(\w+)/(\d{2})(\d+)，匹配得到的结果依次为：www.cnblogs.com、zhaof、P、69、25674 。其中括号'()'表示为一个分组。若要得到字符串'cnblogs'，表达式为'www.(.?).'，其中'.'表示一个，\为转义符号。对于元字符，例如.，，\，?，{}，[]，()等，在使用正则表达式查找时要用\来转义。

3) 读写 CSV 数据

对于大多数 CSV 格式的数据读写问题，都可以使用 CSV 库。例如，假设在一个名叫 stocks.csv 文件中有一些股票市场数据，如下所示：

```
Symbol,Price,Date,Time,Change,Volume
"AA",39.48,"6/11/2007","9:36am",-0.18,181800
"AIG",71.38,"6/11/2007","9:36am",-0.15,195500
"AXP",62.58,"6/11/2007","9:36am",-0.46,935000
"BA",98.31,"6/11/2007","9:36am",+0.12,104800
"C",53.08,"6/11/2007","9:36am",-0.25,360900
"CAT",78.29,"6/11/2007","9:36am",-0.23,225400
```

下面展示了如何将这些数据读取为一个元组的序列。

```
import csv
with open('stocks.csv') as f:
f_csv = csv.reader(f)
headers = next(f_csv)
for row in f_csv:
    # Process row
    ...
```

在上面的代码中，row 是一个列表。因此，为了访问某个字段，需要使用下标，如 row[0]访问 Symbol，row[4]访问 Change。

由于这种下标访问通常会引起混淆，可以考虑使用命名元组。例如：

```
from collections import namedtuple
with open('stock.csv') as f:
f_csv = csv.reader(f)
headings = next(f_csv)
Row = namedtuple('Row', headings)
for r in f_csv:
row = Row(*r)
    # Process row
    ...
```

它允许用户使用列名如 row.Symbol 和 row.Change 代替下标访问。需要注意的是，只有在列名是合法的 Python 标识符时才生效；如果不是，需要修改原始的列名(如将非标识符字符替换成下划线等)。

另一个选择就是将数据读取到一个字典序列中去。实现方法如下：

```
import csv
with open('stocks.csv') as f:
f_csv = csv.DictReader(f)
for row in f_csv:
# process row
...
```

在这个版本中，网民实现了使用列名去访问每一行的数据。比如，row['Symbol']或者 row['Change']。

为了写入 CSV 数据，仍然可以使用 CSV 模块，不过这时需要先创建一个 writer 对象。例如：

```
headers = ['Symbol','Price','Date','Time','Change','Volume']
rows = [('AA', 39.48, '6/11/2007', '9:36am', -0.18, 181800),
('AIG', 71.38, '6/11/2007', '9:36am', -0.15, 195500),
('AXP', 62.58, '6/11/2007', '9:36am', -0.46, 935000),
]
with open('stocks.csv','w') as f:
f_csv = csv.writer(f)
f_csv.writerow(headers)
f_csv.writerows(rows)
```

如果有一个字典序列的数据，可以这样做：

```
headers = ['Symbol', 'Price', 'Date', 'Time', 'Change', 'Volume']
rows = [{'Symbol':'AA', 'Price':39.48, 'Date':'6/11/2007',
'Time':'9:36am', 'Change':-0.18, 'Volume':181800},
{'Symbol':'AIG', 'Price': 71.38, 'Date':'6/11/2007',
'Time':'9:36am', 'Change':-0.15, 'Volume': 195500},
{'Symbol':'AXP', 'Price': 62.58, 'Date':'6/11/2007',
'Time':'9:36am', 'Change':-0.46, 'Volume': 935000},
]
with open('stocks.csv','w') as f:
f_csv = csv.DictWriter(f, headers)
f_csv.writeheader()
f_csv.writerows(rows)
```

2. 爬取流程

舆情热点大数据平台中的数据需要采用爬虫技术从互联网获取。舆情热点数据的爬取流程如图 6-2 所示。舆情热点数据的爬取过程通过以下三个方法实现。

(1) start_request：从起始链接列表 start_urls 中获取起始链接，根据链接判断是哪一网站，进入对应 get_thread 方法中开始抓取。

(2) get_thread：从起始页面获取内容链接 thread_url 列表，并进入 get_post 方法，有些列表需要翻页。

（3）get_post：从页面内容获取内容并保存。

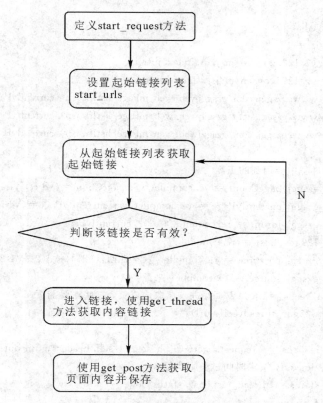

图 6－2　舆情热点数据爬取流程

爬取流程的 Python 脚本代码如下：

```
import csv
import requests
import re
from lxml import etree
import datetime
class guiyan():
headers = {
'Accept':
'text/html,application/xhtml + xml,application/xml;q = 0.9,image/webp,image/
apng, * / * ;q=0.8',
'Accept - Encoding': 'gzip, deflate, br',
'Accept - Language': 'zh - CN,zh;q=0.9',
'Cache - Control': 'max - age=0',
'Connection': 'keep - alive',
#  'Host': 'www.gz.chinanews.com',
'Upgrade - Insecure - Requests': '1',
'User - Agent': 'Mozilla/5.0 (Windows NT 6.3; Win64; x64)
AppleWebKit/537.36 (KHTML,
```

like Gecko) Chrome/68. 0. 3440. 84 Safari/537. 36′

       }

♯列表页 list

start_urls = [

′http://gz. 122. gov. cn/m/jgdt/index. jhtml′,

′http://gz. 122. gov. cn/m/jsjy/index. jhtml′,

′http://www. gzsggj. com/gzsggjweb/web/mPage/listIfr. jsp? currentlyPage=1&s=1′,

′http://www. gzsggj. com/gzsggjweb/web/mPage/listIfr. jsp? currentlyPage=1&s=4′,

′http://www. gzsggj. com/gzsggjweb/web/mPage/listIfr. jsp? currentlyPage=1&s=5′,

       ]

♯采集过程中会用到的正则

gender_gzsggj_pageCount = re. compile(′var pageCount=(\d+)′, re. S)

gender_gzsggj_currentlyPage = re. compile(′var currentlyPage=(\d+)′, re. S)

gender_gzsggj_forum = re. compile(′(. * ? currentlyPage=)(\d+)(. *)′, re. S)

gender_122gov_host = re. compile(′(. * \/)′, re. S)

gender_gzsggj_posttime = re. compile(′发布日期:(\d{4}-\d{2}-\d{2})′, re. S)

gender_gzsggj_source = re. compile(′来源:(\w+)′, re. S)

♯ get_threads:抓取列表页并进入抓取内容页,有些需要翻页

def get_122gov_thread(self, url):

try:

thread_response = requests. get(url, headers=self. headers, timeout=5)

♯设置 timeout,请求时间过长则跳过

thread_status = thread_response. status_code

if thread_status == 200:

thread_response. encoding = ′utf - 8′ ♯根据网页的编码进行 encoding

thread_html = thread_response. text

thread_selector = etree. HTML(thread_html)

thread_list = thread_selector. xpath(′//ul[@class="news - list"]/li′)

is_thread = 0

for thread_li in thread_list:

thread_url = thread_li. xpath(′. /a/@href′)

if thread_url:

thread_url = thread_url[0]

thread_url = ′http://gz. 122. gov. cn′ + thread_url

print(thread_url)

self. get_122gov_post(thread_url)

is_thread = 1

break ♯测试一个页面后跳出,生产中取消 break

if is_thread == 1:

next_url =

thread_selector. xpath(′//div[@class="pagination"]/div/a[3]/@href′)

if next_url:

forum_host = self. gender_122gov_host. findall(url)[0]

next_url = forum_host + next_url[0]

```
print('next_url', end=': ')
print(next_url)
# self.get_122gov_thread(next_url)
else:
error = url + ':' + str(thread_status)
print(error)
# self.error_csv(error)
except Exception as e:
error = url + ':' + str(e)
print(error)
# self.error_csv(error)
def get_gzsggj_thread(self, url):
try:
thread_response = requests.get(url, headers=self.headers, timeout=5)
thread_status = thread_response.status_code
if thread_status == 200:
thread_response.encoding = 'utf-8'
thread_html = thread_response.text
thread_selector = etree.HTML(thread_html)
thread_list =
thread_selector.xpath('/html/body/table/tr/td/table/tr[1]/td/table/tr')
thread_host = 'http://www.gzsggj.com'
for thread_li in thread_list:
thread_url = thread_li.xpath('./td[1]/a/@href')
if thread_url:
thread_url = thread_url[0]
thread_url = thread_host + thread_url
thread_url = thread_url.replace('html', 'jsp').replace('su=', '')
print(thread_url)
self.get_gzsggj_post(thread_url)
break # 测试一个页面后跳出，生产中取消 break
pagecount = self.gender_gzsggj_pageCount.findall(thread_html)
if pagecount:
total_page = pagecount[0]
total_page = int(total_page)
currentlypage = self.gender_gzsggj_currentlyPage.findall(thread_html)
if currentlypage:
current_page = currentlypage[0]
next_page = int(current_page) + 1
if next_page < total_page:
forum = self.gender_gzsggj_forum.findall(url)[0]
forum_host = forum[0]
forum_id = forum[2]
next_page = forum_host + str(next_page) + forum_id
```

```python
        print(next_page)
        # self. get_gzsggj_thread(next_page)
        else:
        error = url + ':' + str(thread_status)
        print(error)
        # self. error_csv(error)
        except Exception as e:
        error = url + ':' + str(e)
        print(error)
        # self. error_csv(error)
        # get_post：抓取内容页
        def get_122gov_post(self, url):
        try:
        post_response = requests. get(url, headers=self. headers, timeout=5)
        post_status = post_response. status_code
        if post_status == 200:
        post_response. encoding = 'utf - 8'
        post_html = post_response. text
        post = dict()
        post['url'] = url
        post['site'] = '122gov'
        post_selector = etree. HTML(post_html)
        title = post_selector. xpath('//h1/text()')
        if title:
        title = title[0]
        post['title'] = title. strip()
        posttime = post_selector. xpath('//span[contains(@class,"post - time")]/p/text()')
        if posttime:
        posttime = posttime[0]
        else:
        posttime = ''
        post['posttime'] = posttime. strip(). replace('发布时间：', '')
        source = post_selector. xpath('//span[contains(@class,"post - cat")]/p/a/text()')
        if source:
        source = source[0]
        else:
        source = ''
        post['source'] = source. strip()
        content = re. search('class="entry - content". * ? \>(. * ?)\<div class="entryattach"\>',
        post_html, re. DOTALL)
        if content:
        content = content. group(1)
        rep = re. compile(r'<[^>]+>', re. S)
        content = rep. sub('', content)
```

```
content = content. replace('\u3000', ''). replace('\n', ''). strip()
post['content'] = content. replace('      ', ''). replace('\u2002',''). replace('\
u2022', ''). replace('\u2219', ''). replace('\ufffd', ''). replace('\xa0',''). replace('
 ', ''). strip()
print(post)
# self. save_csv(post, csvcode='utf-8')  # 保存进 CSV, 可以改为存入数据库
else:
error = url + ':' + 'no_content'
print(error)
# self. error_csv(error)
else:
error = url + ':' + str(post_status)
print(error)
# self. error_csv(error)
except Exception as e:
error = url + ':' + str(e)
print(error)
# self. error_csv(error)
def get_gzsggj_post(self, url):
try:
post_response = requests. get(url, headers=self. headers, timeout=5)
post_status = post_response. status_code
if post_status == 200:
post_response. encoding = 'gbk'
post_html = post_response. text
post = dict()
post['url'] = url
post['site'] = 'gzsggj'
post_selector = etree. HTML(post_html)
title = post_selector. xpath('//div[@class="arc1"]/text()')
if title:
title = title[0]
post['title'] = title. strip()
posttime = self. gender_gzsggj_posttime. findall(post_html)
if posttime:
posttime = posttime[0]
else:
posttime = ''
post['posttime'] = posttime. strip()
source = self. gender_gzsggj_source. findall(post_html)
if source:
source = source[0]
else:
source = ''
```

```
post['source'] = source.strip()
content = re.search('id="info_Content".*?\>(.*?)\<\/td\>', post_html,
re.DOTALL)
if content:
content = content.group(1)
rep = re.compile(r'<[^>]+>', re.S)
content = rep.sub('', content)
content = content.replace('\u3000', '').replace('\n', '').strip()
post['content'] = content.replace('    ', '').replace('\u2002',
'').replace('\u2022', '').replace('\u2219', '').replace('\ufffd', '').replace('\xa0',
'').replace(' ', '').strip()
print(post)
# self.save_csv(post, csvcode='utf-8')  #保存进 CSV，可以改为存入数据库
else:
error = url + ':' + 'no_content'
print(error)
# self.error_csv(error)
else:
error = url + ':' + str(post_status)
print(error)
# self.error_csv(error)
except Exception as e:
error = url + ':' + str(e)
print(error)
# self.error_csv(error)
# 从 start_urls 中获取起始版块链接，判断是哪一网站进入对应方法中开始
# 抓取
def start_request(self):
for start_url in self.start_urls:
print('forum_url', end=': ')
print(start_url)
if start_url.find('122.gov.cn') > 0:
self.get_122gov_thread(start_url)
elif start_url.find('gzsggj') > 0:
self.get_gzsggj_thread(start_url)
# 将数据存入 CSV，可以改为存入数据库
def save_csv(self, result, csvcode):
if isinstance(result, dict):
inserttime = datetime.datetime.now()
insertday = inserttime.strftime('%Y-%m-%d')
file_name = 'F:\THREAD\guiyan_{site}_{insertday}.csv'.format(insertday=insertday,
site=result['site'])
with open(file_name, 'a', newline='', encoding=csvcode) as f:
key = result.keys()
```

```
writer = csv. DictWriter(f, key)
writer. writerow(result)
f. close()
# 将报错存入 CSV
def error_csv(self, result):
error = dict()
error['error'] = result
inserttime = datetime. datetime. now()
insertday = inserttime. strftime('%Y-%m-%d')
file_name = 'F:\THREAD\guiyan_error_{insertday}. csv'. format(insertday=insertday,)
with open(file_name, 'a', newline='', encoding='utf-8') as f:
key = error. keys()
writer = csv. DictWriter(f, key)
writer. writerow(error)
f. close()
while True:
guiyan = guiyan()
guiyan. start_request()
break
```

3. 舆情热点数据采集设计与实现

使用爬虫技术获取舆情热点数据的流程如下:

(1) 打开浏览器,输入中国新闻网网址,选择贵州省份,点击"热点新闻"按钮,显示最新的热点新闻,如图 6-3 所示。

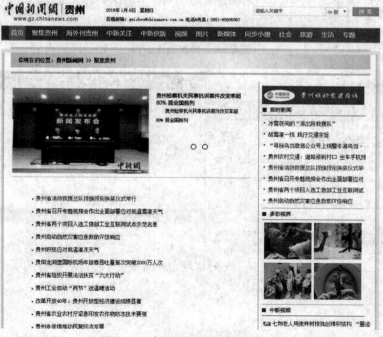

图 6-3 贵州新闻网聚焦贵州首页

（2）选择第一条热点新闻"贵州省消防救援总队授旗授衔换装仪式举行"，如图 6 - 4 所示。打开后，通过爬虫技术获取该新闻信息，并保存到". CSV"文件中，如图 6 - 5 所示。

你现在的位置：贵州新闻网 >> 聚焦贵州 >> 热点新闻

贵州省消防救援总队授旗授衔换装仪式举行

发表时间：2018年12月30日 19:57 稿件来源：贵州日报

　0

12月29日，贵州省消防救援总队授旗授衔换装仪式在贵阳举行。省委书记、省人大常委会主任孙志刚出席并讲话。他强调，全省消防救援队伍要深入践行习近平总书记重要训词精神，牢记嘱托、感恩奋进，坚决落实"对党忠诚、纪律严明、赴汤蹈火、竭诚为民"要求，更好履行新时代消防救援新任务，为开创多彩贵州新未来作出新的更大贡献。

省委副书记、省长谌贻琴出席。省委常委、常务副省长李再勇主持。副省长、省公安厅厅长郭瑞民出席。

仪式现场气氛庄严热烈，身着新式制服的消防救援人员精神抖擞、整齐列队。上午9时许，仪式正式开始，全场高唱国歌。省消防救援总队负责同志宣读《向支队级单位授旗的决定》、《总队机关消防救援指战员、支队主官的授衔命令》，向各市（州）、贵安新区支队授予"中国消防救援队"队旗。全体指战员面向队旗敬礼，并集体宣誓。

随后，孙志刚发表讲话，代表省委、省政府向全省消防救援队伍致以新年的祝福和诚挚的问候。他指出，组建国家综合性消防救援队伍，是党中央作出的战略决策。习近平总书记向国家综合性消防救援队伍授旗并致训词，充分体现了对消防救援队伍的特殊关怀，为消防救援事业发展指明了前进方向、提供了根本遵循。

图 6 - 4　贵州热点新闻

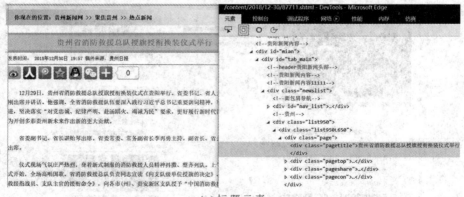

(a) 标题元素

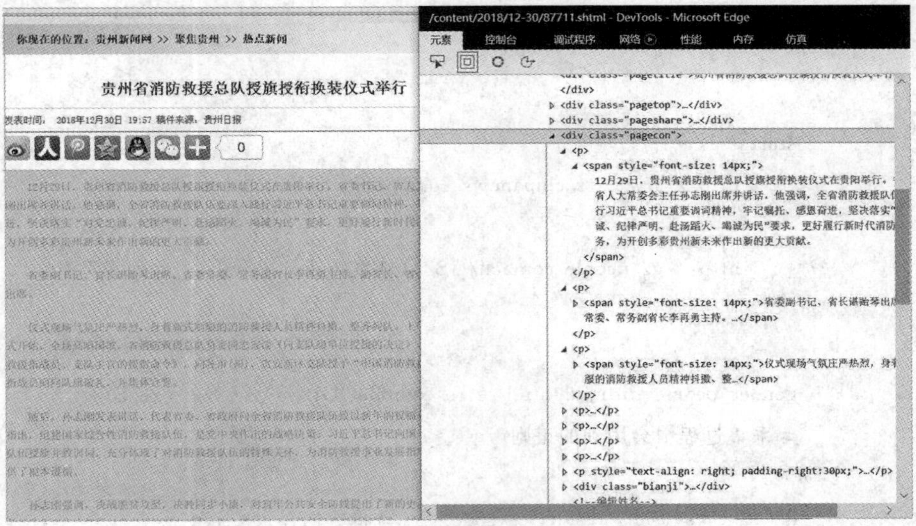

(b) 内容元素

图 6-5　获取贵州热点新闻标题元素和内容元素

舆情热点数据爬虫 Python 脚本如下：

```
# - * - coding:utf - 8 - * -
import csv                    # 用来读写 CSV 文件的库
import requests               # 用于 Web 通讯的库
import re                     # 用于正则表达式的库
from lxml import etree        # 用于解析 HTML 的库
import datetime               # 获取时间的库


# 定义爬虫类
class Crawler:

    # HTTP 报文的 Header
    headers = {
        'Accept': 'text/html, application/xhtml + xml, application/xml; q = 0.9,
        image/webp,image/apng, * / * ;q=0.8',
        'Accept - Encoding': 'gzip, deflate, br',
        'Accept - Language': 'zh - CN, zh;q=0.9',
        'Cache - Control': 'max - age=0',
        'Connection': 'keep - alive',
        # 'Host': 'www. gz. chinanews. com',
        'Upgrade - Insecure - Requests': '1',
        'User - Agent': 'Mozilla/5.0 (Windows NT 6.3; Win64; x64)
AppleWebKit/537.36 （KHTML, like Gecko） Chrome/68.0.3440.84
```

```
            Safari/537.36'
                }


    start_urls = [
        'http://www.gz.chinanews.com/jujiaoguizhou/index.shtml',

        'http://gz.people.com.cn/GB/344124/index1.html',   #列表页 list
            ]


    gender_people_forumid_html = re.compile('GB\/(\d+)\/', re.S)
    #采集过程中会用到的正则


    def save_csv(self, result, csvcode):    #将数据存入 CSV
        if isinstance(result, dict):
            inserttime = datetime.datetime.now()
            insertday = inserttime.strftime('%Y-%m-%d')
            file_name = 'e:\guiyan_{site}_{insertday}.csv'.format(insertday=
            insertday, site=result['site'])
            with open(file_name, 'a', newline='', encoding=csvcode) as f:
                key = result.keys()
                writer = csv.DictWriter(f, key)
                writer.writerow(result)
                f.close()


    def error_csv(self, result):    #将报错存入 CSV
        error = dict()
        error['error'] = result
        inserttime = datetime.datetime.now()
        insertday = inserttime.strftime('%Y-%m-%d')
        file_name = 'e:\guiyan_error_{insertday}.csv'.format(insertday=insertday, )
        with open(file_name, 'a', newline='', encoding='utf-8') as f:
            key = error.keys()
            writer = csv.DictWriter(f, key)
            writer.writerow(error)
            f.close()


    def request(self, url):    #发送 HTTP 请求报文，返回 HTTP 响应报文
        try:
```

```
        response = requests. get(url, headers=self. headers, timeout=5)
    #请求的 URL，HTTP 的 Header，超时时长
        return response
    except Exception as e:
        error = url + ':' + str(e)
        self. error_csv(error)


def get_chinanews_thread(self, url):    # get_threads：抓取列表页并进入抓取内容页
    try:
        thread_response = self. request(url)    #获得 url 的响应报文
        thread_status = thread_response. status_code    #获得 HTTP 的状态码
        if thread_status == 200:    #如果状态码是 200，代表成功获得响应报文
            thread_html = thread_response. text    #获得 html 内容
            thread_selector = etree. HTML(thread_html)    #用 etree 解析
        #html内容
            thread_list = thread_selector. xpath('//div[@class="listul"]/ul
            [@id="ul_news"]/li')    #选择 li 元素列表
            for thread_li in thread_list:
                thread_url = thread_li. xpath('./a/@href')[0]    #获得列表
            #里的相对 url
                thread_url = 'http://www. gz. chinanews. com' + thread_url
                    #拼接成绝对 url
                print(thread_url)    #输出 url
                self. get_chinanews_post(thread_url)    #获取 url 的内容并保
            #存到文件中
        else:
            error = url + ':' + str(thread_status)    #状态码不是 200，就记录错误
            self. error_csv(error)
    except Exception as e:
        error = url + ':' + str(e)    #发生异常了，就记录错误
        self. error_csv(error)


def get_people_thread(self, url):
    try:
        thread_response = self. request(url)    #获得 url 的响应报文
        thread_status = thread_response. status_code    #获得 HTTP 的状态码
        if thread_status == 200:    #如果状态码是 200，代表成功获得响应报文
            thread_html = thread_response. text    #获得 html 内容
```

```
            thread_selector = etree. HTML(thread_html)    #用 etree 解析
#html 内容
            thread_list = thread_selector. xpath('//div[@class="hdNews
clearfix"]')   #选择 li 元素列表
            for thread_li in thread_list:
                thread_url = thread_li. xpath('. /p/strong/a/@href')[0]
                    #获得列表里的相对 url
                thread_url = 'http://gz. people. com. cn' + thread_url
                    #拼接成绝对 url
                print(thread_url)   #输出 url
                self. get_people_post(thread_url)    #获取 url 的内容并保存
#到文件中

            next_page = thread_selector. xpath('//div[@class="page_n clearfix"]/
a[last()]/@href')   #选择下一页的 url
            if next_page:
                forum_id = self. gender_people_forumid_html. findall(url)[0]
                    #利用正则表达式筛选出当前 url 的编号
                next_page = next_page[0]
                next_page = 'http://gz. people. com. cn/GB/{forum_id}/'.
                format(forum_id=forum_id) + next_page   #拼接成绝对 url
                self. get_people_thread(next_page)    #递归调用本函数,实
#现翻页
        else:
            error = url + ':' + str(thread_status)   #状态码不是 200,就记录错误
            self. error_csv(error)
    except Exception as e:
        error = url + ':' + str(e)   #发生异常了,就记录错误
        self. error_csv(error)


def get_chinanews_post(self, url):   # get_post:抓取内容页
    try:
        post_response = self. request(url)   #获得 url 的响应报文
        post_status = post_response. status_code   #获得 HTTP 的状态码
        if post_status == 200:   #如果状态码是 200,代表成功获得响应报文
            post_response. encoding = 'gb2312'   #设置响应报文的编码格式
            post_html = post_response. text   #获得 html 内容
            post = dict()   #定义一个 dict 类型的变量
```

post['url'] = url　#将当前 url 保存到字典中的 url 中

post['site'] = 'chinanews'　#将 chinanews 保存到字典中的 site 中

post_selector = etree. HTML(post_html)#用 etree 解析将 html 内容

title = post_selector. xpath('//div[@class="pagetitle"]/text()')

[0]　#选择 class=pagetitle 元素的文字

post['title'] = title. strip()#去除变量前后的空格

#将 title 去掉前后空格后保存到字典中的 title 中

posttime_source = post_selector. xpath('//div[@class="pagetop"]/

text()')　#选择 class=pagetop 元素的文字

posttime = posttime_source[0]　#选取发布时间

post['posttime'] = posttime. strip()　#将 posttime 去掉前后

#空格后保存到字典 posttime 中

if len(posttime_source) > 1：　#判断 posttime_source 数组变量

#的个数是否大于 1

    source = posttime_source[1]　#选取 posttime_source[1]元

#素当做发布源

else：

    source = ''　#否则发布源为空

post['source'] = source. strip()　#将 source 去掉前后空格后保

#存到字典 source 中

content = re. search('class\=\"pagecon\". * ? \>(. * ?)\<\/p

\>\s * \<\/div\>', post_html, re. DOTALL)　#利用正则表

#达式获得正文部分

if content：　#如果正文不为空内容

    content = content. group(1)　#在正则表达式中用于获取分

#段截获的字符串

    rep = re. compile(r'<[^>]+>', re. S)　#根据包含的正

#则表达式的字符串创建模式对象。可以实现更有效率的匹配。

    content = rep. sub('', content)　#利用正则表达式将含有

#<>的标签去除掉

    content = ''. join(content. split())　#去除正文内容的回

#车、制表符等符号

    content = content. replace('\u3000', ''). replace('\n', '')

. replace('\r', '')\　#去除正文内容的特殊符号

. replace('\u2002', ''). replace('\u2022', ''). replace('\u2219', '') \

    . replace('\ufffd', ''). replace('\xa0', ''). strip()

    post['content'] = content　#将正文内容保存到字典

#content 中

```
                        self. save_csv(post, csvcode='gb2312')   #将字典内容保存
                    #到 csv 文件中
                    else：
                        error = url + ':' + 'no_content'   #如果正文为空内容，就
                    #记录错误信息
                        self. error_csv(error)
                else：
                    error = url + ':' + str(post_status)   #状态码不是 200，就记
                #录错误信息
                    self. error_csv(error)
            except Exception as e：
                error = url + ':' + str(e)   #发生异常了，就记录错误信息
                self. error_csv(error)

        def get_people_post(self, url)：
            try：
                post_response = self. request(url)   #获得 url 的响应报文
                post_status = post_response. status_code   #获得 HTTP 的状态码
                if post_status == 200：  #如果状态码是 200，代表成功获得响应报文
                    post_response. encoding = 'GB2312'   #设置响应报文的编码格式
                    post_html = post_response. text   #获得 html 内容
                    post = dict()   #定义一个 dict 类型的变量
                    post['url'] = url   #将当前 url 保存到字典中的 url 中
                    post['site'] = 'pepople'   #将 pepople 保存到字典中的 site 中
                    post_selector = etree. HTML(post_html)   #用 etree 解析html
                内容
                    title = post_selector. xpath('//h1/text()')[0]   #选择 h1 元素的文字
                    post['title'] = title. strip()   #将 title 去掉前后空格后保存到字
                #典中的 title 中
                    source = post_selector. xpath('//div[@class="box01"]/div[@
                    class="fl"]/a/text()')   #选择 class=fl 的元素文字
                    if source：  #如果 source 不为空
                        source = source[0]   #选取 source[0]为发布源
                    else：
                        source = ''   #否则发布源为空
                    post['source'] = source. strip()   #将 source 去掉前后空格后保
                #存到字典 source 中
                    posttime = post_selector. xpath('//div[@class="box01"]/div[@
                    class="fl"]/text()')   #选择 class=fl 的元素文字
```

```
            if posttime：　＃如果 posttime 不为空
                posttime = posttime[0]　＃选取 source[0]为发布时间
                posttime = posttime.replace('来源：', '')　＃去除'来源：'文字
            else：
                posttime = ''　＃否则发布时间为空
            post['posttime'] = posttime.strip()　＃将 posttime 去掉前后空
＃格后保存到字典 posttime 中
            content = re.search('class\=\"fl text_con_left\"\>(. * ?)\<div
class\=\"box_down clearfix\"', post_html, re.DOTALL)　＃利
＃用正则表达式获得正文部分
            if content：　＃如果正文不为空内容
                content = content.group(1)　＃在正则表达式中用于获取分
＃段截获的字符串
                rep = re.compile(r'<[`>]+>', re.S)　＃根据包含的正则
＃表达式的字符串创建模式对象。可以实现更有效率的匹配。
                content = rep.sub('', content)　＃利用正则表达式将含有
＃<>的标签去除掉
                content = "".join(content.split())　＃ 去除正文内容的回
＃车、制表符等符号
                 content = content.replace('\u3000', '').replace('\n', '')
. replace('\r', ''). replace('\u2002', ''). replace('\u2022', '')
. replace('\u2219', ''). replace('\ufffd', ''). replace('\xa0', '')
. strip()　＃去除正文内容的特殊符号
                post['content'] = content　＃将正文内容保存到字典 content 中
                self.save_csv(post, csvcode='utf - 8')　＃将字典内容保存
＃到 csv 文件中
            else：
                error = url + '：' + 'no_content'　＃如果正文为空内容，就
＃记录错误信息
                self.error_csv(error)
        else：
            error = url + '：' + str(post_status)　＃状态码不是 200，就记
＃录错误信息
            self.error_csv(error)
    except Exception as e：
        error = url + '：' + str(e)　＃发生异常了，就记录错误信息
        self.error_csv(error)
def start_request(self)：　＃从 start_urls 中获取起始版块链接，判断是哪一网站
＃进入对应方法中开始抓取
```

```
for start_url in self. start_urls:
    print('forum_url' + ':    ')
    print(start_url)
    if start_url. find('gz. chinanews') > 0:
        self. get_chinanews_thread(start_url)
    elif start_url. find('gz. people') > 0:
        self. get_people_thread(start_url)


while True:
    crawler = Crawler()    # 创建一个爬虫对象
    crawler. start_request()
    break
```

爬虫获取的文件保存在本地 news. csv 文件中,该文件内容展示如图 6 - 6 所示,保存路径如图 6 - 7 所示。

图 6 - 6　贵州热点新闻爬取内容展示

图 6 - 7　贵州热点新闻数据保存路径

6.3.2　舆情热点数据抽取

本节主要进行舆情热点数据的抽取,以 DANA Studio 大数据平台为依托,采用 Datax 技术实现舆情热点数据导入到大数据平台数据库的操作。具体实现流程如下:

(1) 创建数据库。进入数据中心→数据分层管理→ODS 贴源层,新建数据库,数据库名称为 demo2yuqing,如图 6 - 8 所示。

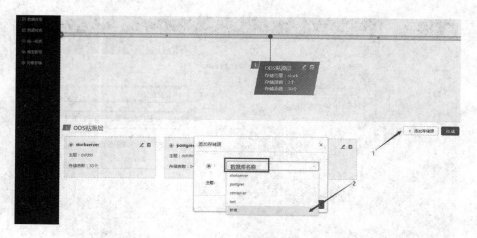

图 6-8　创建数据库

（2）创建表。

第一步：进入数据开发→新增目录，目录名称命名为：自己姓名首字母＋学号，新建自己的目录，如图 6-9 所示。

图 6-9　创建数据表

第二步：点击新建脚本，如图 6-10 所示。

图 6-10　新建脚本界面

第三步：如图 6-11 所示，在新建脚本页面，填写好脚本名称、目录、数据库类型等信息，点击"确定"按钮后创建成功。

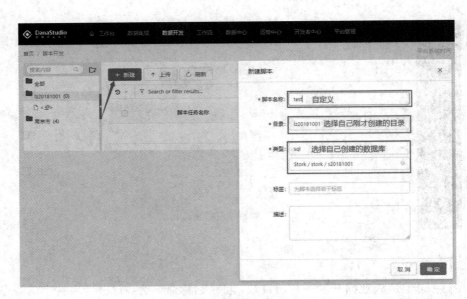

图 6-11 新建脚本页面信息

第四步：进行编辑，根据表结构编写 SQL 语句创建表 ods_news 和 dwd_news，如图 6-12 和图 6-13 所示。

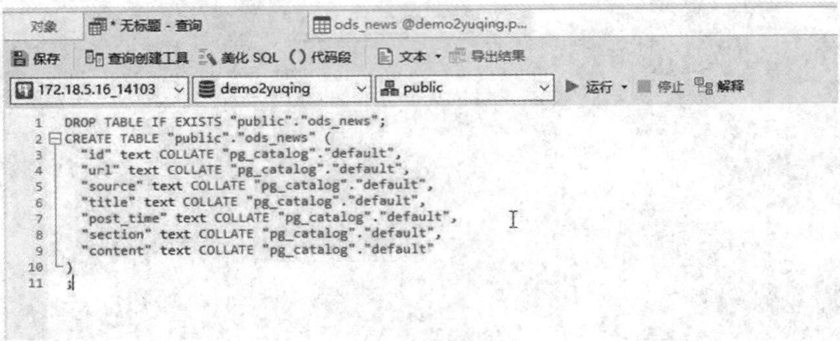

```
1   DROP TABLE IF EXISTS "public"."ods_news";
2 ⊟ CREATE TABLE "public"."ods_news" (
3    "id" text COLLATE "pg_catalog"."default",
4    "url" text COLLATE "pg_catalog"."default",
5    "source" text COLLATE "pg_catalog"."default",
6    "title" text COLLATE "pg_catalog"."default",
7    "post_time" text COLLATE "pg_catalog"."default",
8    "section" text COLLATE "pg_catalog"."default",
9    "content" text COLLATE "pg_catalog"."default"
10 └ )
11    ;
```

图 6-12 创建 ods_news 数据表

```
1   DROP TABLE IF EXISTS "public"."dwd_news";
2 ⊟ CREATE TABLE "public"."dwd_news" (
3    "source" varchar(255) COLLATE "pg_catalog"."default",
4    "source_nu" int8,
5    "source_time" int8
6 └ )
7    ;
8   COMMENT ON COLUMN "public"."dwd_news"."source" IS '站点';
9   COMMENT ON COLUMN "public"."dwd_news"."source_nu" IS '不同站点新闻发布量';
10   COMMENT ON COLUMN "public"."dwd_news"."source_time" IS '新闻发布及时性';
```

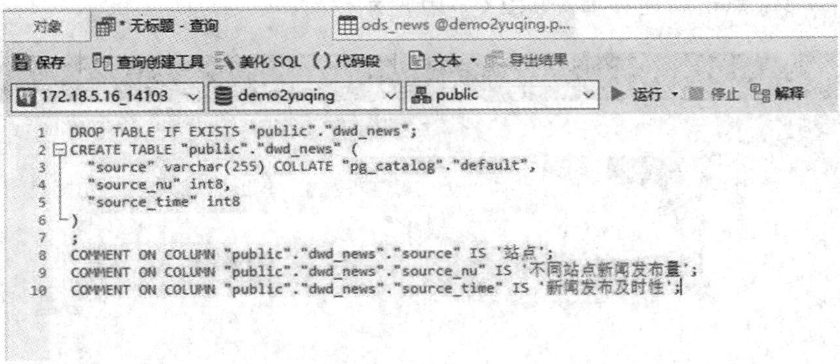

图 6-13 创建 dwd_news 数据表

第五步：如图 6-14 所示，创建导入到 Stork 数据库表的 Shell 脚本，命名为

"导入数据"，该脚本用于把 CSV 文件数据抽取至 Stork 数据库中，脚本内容如图 6 - 15 所示。

图 6 - 14 创建导入数据 Shell 脚本

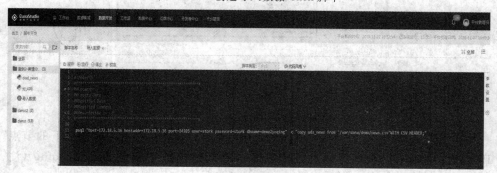

图 6 - 15 导入数据脚本内容

第六步：导入到 Stork 数据库后的 ods_news 数据表展示内容如图 6 - 16 所示。

图 6 - 16 ods_news 表内容

6.3.3 舆情热点数据清洗

舆情热点数据通过使用爬虫技术采集和 Datax 抽取后，已经成功存入到大数据平台上的 Stork 数据库。本节主要针对存入舆情热点数据的内容进行清洗、过滤，以便为政务人员提供真实、有效的数据。舆情热点数据清洗流程如下：

第一步：如图 6－17 所示，打开 Kettle，点击左上角的"文件→打开"，依次修改所有的 Kettle 脚本。

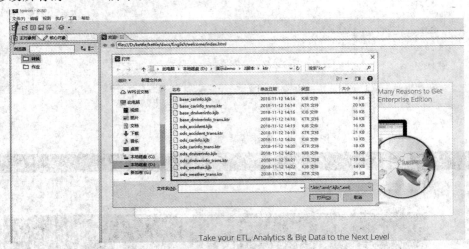

图 6－17　修改 Kettle 脚本

第二步：如图 6－18 所示，打开 Kettle 脚本后，鼠标右击 DB 连接下的节点 IP 编辑，把所有的数据库名称改为刚才自己创建的数据库名 demo2yuqing（注意：所有 Kettle 脚本都要重复此步骤进行修改）。

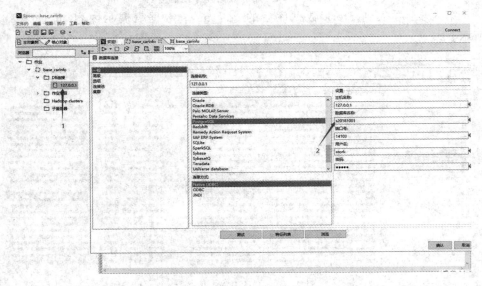

图 6－18　修改数据库信息

第三步：修改完成后，进入 DANAStudio 实验环境，打开"数据集成"→"Kettle"界面，如图 6-19 所示。

图 6-19　DANAStudio 平台中的 Kettle 界面

第四步：在 Kettle 界面，按照如下步骤执行 Kettle 脚本。

（1）选中数据集成。

（2）选中 Kettle。

（3）点击创建任务文件夹。

（4）点击上传所有 Kettle 脚本。

（5）全选所有任务，点击上线（配置上线规则）执行 Kettle 任务，如图 6-20 所示。

图 6-20　上线执行 Kettle 任务

第五步：在 Kettle 中创建 base_news 表后，对舆情热点数据表 ods_news 进行清洗、去重、过滤、格式化等操作，并生成新表 base_news，如图 6-21 和图 6-22 所示。

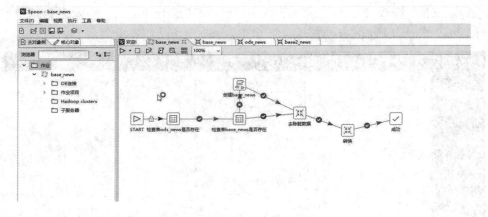

图 6 - 21　清洗 base_news 表

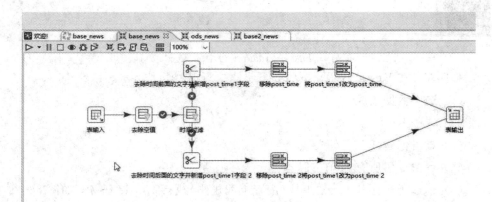

图 6 - 22　过滤 base_news 表

第六步：在 Stork 数据库中，展示清洗、过滤后的 base_news 表内容，包括 id、url、source、title、post_time、section、content 内容，如图 6 - 23 所示。

图 6 - 23　base_news 表内容展示

通过获取并分析上图数据，能够更真实、有效地为政务人员提供有价值的数据信息。

本章小结

本章以真实项目贵州省舆情热点大数据平台为依托，以上海德拓信息技术股份有限公司提供的 DANA Studio 大数据智能开发平台为基石，详细阐述了大数据采集技术在大数据的收集、清洗、过滤等方面的实际应用。首先，以贵州省舆情热点新闻数据为基础，采用爬虫技术实现大数据的获取和收集。其次，采用 DANA Studio 平台上的 Datax 技术，实现了本地数据导入平台数据库的操作。最后，采用 DANA Studio 平台上的 Kettle 技术，对大数据平台上已有数据进行清洗、过滤等操作，为政务人员提供真实、有效的舆情热点数据，方便后续的舆情分析、监控等操作。

课后作业

项目实践题：

1. 使用爬虫技术实现重庆市热点新闻数据的采集。
2. 使用 Datax 技术实现重庆市热点新闻数据的导入。
3. 使用 Kettle 技术实现重庆市热点新闻数据的清洗。

参 考 文 献

［1］ 林子雨. 大数据技术原理与应用. 2 版［M］. 北京：人民邮电出版社，2017.

［2］ http://www.gongkong.com/article/201705/73391.html，大数据采集技术介绍.

［3］ https://help.aliyun.com/document_detail/28291.html，Datax 介绍.

［4］ https://github.com/alibaba/DataX，Datax 开源地址.

［5］ Matt Casters，Roland Bouman，Jos van Dongen. Pentaho Kettle 解决方案：使用 PDI 构建开源 ETL 解决方案［M］. 北京：电子工业出版社，2014.

［6］ https://www.elastic.co/products/logstash，Logstash 介绍.

［7］ Neha Narkhede，Gwen Shapira，Todd Palino. Kafka 权威指南［M］. 北京：人民邮电出版社，2018.

［8］ 郑奇煌. Kafka 技术内幕–图文详解 Kafka 源码设计与实现［M］. 北京：人民邮电出版社，2018.

［9］ 上海德拓信息技术股份有限公司. DANA 大数据平台安装手册，2017.

［10］ 上海德拓信息技术股份有限公司. 大数据平台和项目案例手册，2017.